Mosaik bei
GOLDMANN

Buch

Manche Vorgesetzte können einem alle Freude an der Arbeit nehmen. Doch das ist kein unlösbares Problem. Vom reinen Jammern oder durch stilles Leiden wird es allerdings nicht besser. Auch Untergebene können und müssen ihre Chefs erziehen. Gabriele Stöger analysiert problematische Situationen zwischen Vorgesetzten und Angestellten und zeigt Strategien auf, wie eigene und »Chef«-Verhaltensweisen zum Positiven verändert werden können. Sie macht Mut, die Situation kritisch zu analysieren, die richtige Strategie für das Problem zu finden und auf Augenhöhe zu kommunizieren. Mit dem nur scheinbar paradoxen Führungsinstrument der Provokativen Therapie kommen selbst cholerische, bösartige oder grenzenlos überfordernde (und überforderte) Chefs blitzschnell wieder auf den Boden des guten Benehmens zurück.
Gabriele Stögers Rezepte haben sich inzwischen in der Praxis bewährt und Legionen von missliebigen Chefs in umgängliche Zeitgenossen verwandelt.

Autorin

Gabriela Stöger ist diplomierte Sozialwissenschaftlerin und seit rund 30 Jahren als Management-Trainerin und -Beraterin in den Bereichen Führungskräfteentwicklung, Teamentwicklung und Konfliktmanagement tätig. Zu ihren Kunden zählen die bedeutendsten deutschen Industrie- und IT-Unternehmen. Sie ist Autorin zahlreicher Fachbücher und coacht seit Jahren erfolgreich Führungskräfte und deren Mitarbeiter. Sie lebt in der Nähe von München.

Gabriele Stöger

Wie führe ich meinen Chef

Erfolgreiche Kommunikation von unten nach oben

Mosaik bei
GOLDMANN

Alle Ratschläge in diesem Buch wurden von der Autorin und vom Verlag sorgfältig erwogen und geprüft. Eine Garantie kann dennoch nicht übernommen werden. Eine Haftung der Autorin beziehungsweise des Verlags und seiner Beauftragten für Personen-, Sach- und Vermögensschäden ist daher ausgeschlossen.

FSC
Mix
Produktgruppe aus vorbildlich bewirtschafteten Wäldern und anderen kontrollierten Herkünften

Zert.-Nr. SGS-COC-1940
www.fsc.org
© 1996 Forest Stewardship Council

Verlagsgruppe Random House FSC-DEU-0100
Das für dieses Buch verwendete FSC-zertifizierte Papier *Pamo Sky* liefert Arctic Paper Mochenwangen GmbH.

1. Auflage
Vollständige Taschenbuchausgabe April 2010
Wilhelm Goldmann Verlag, München,
in der Verlagsgruppe Random House GmbH

Umschlaggestaltung: Uno Werbeagentur, München
Umschlagillustration: mediacolors Bildagentur & -Produktion
Satz: Buch-Werkstatt GmbH, Bad Aibling
Druck und Bindung: GGP Media GmbH, Pößneck
CB · Herstellung: IH
Printed in Germany
ISBN 978-3-442-17100-2

www.mosaik-goldmann.de

Inhalt

»Wie bessert man die Menschen?«
Diese Frage wird immer wieder gestellt,
und sie zeigt nichts anderes,
als dass das Wesentliche gar nicht
verstanden wurde. Die Vorstellung,
Menschen besser zu machen,
gehört der Ebene der Manipulation an,
derselben Ebene, auf der die
Gegensätze bestehen, die man über-
brücken möchte, aber das nicht
schafft, weil man manipuliert, anstatt
konstruktiv zu führen.

E. F. SCHUMACHER

Das Nein
das ich endlich
sagen will
ist hundertmal gedacht
still formuliert
nie ausgesprochen
Es brennt mir
im Magen
nimmt mir den Atem
wird zwischen meinen
Zähnen zermalmt
und verlässt
als freundliches Ja
meinen Mund

PETER TURRINI

*»Ich habe kein Problem mit Autoritäten im Allgemeinen.
Nur mein Chef ist eine inkompetente, miese, kleine Ratte.«*

SYDNEY CRAFT ROZEN

Mein Chef treibt mich zur Verzweiflung

Kennen Sie das? Sie kommen nach Hause und kochen vor Wut. Sie verspüren das überwältigende Bedürfnis,

- erst mal um den Block zu laufen,
- ganz viel Schokolade zu essen,
- eine vierstöckige Torte zu backen,
- drei Festmeter Holz zu hacken,
- sich einen Doppelten zu genehmigen.

Sie haben mal wieder Ärger mit dem Chef. Er/sie hat

- Ihnen einen total langweiligen Auftrag gegeben,
- Sie vollkommen grundlos kritisiert,
- eine einsame Entscheidung gefällt, die Sie ausbaden müssen,
- Sie bei einer wichtigen Entscheidung kalt übergangen,
- Sie vor versammelter Mannschaft runtergemacht,
- eine Ihrer besten Ideen als seine eigene verkauft.

Dieser Schuft! Apropos Schuft: Natürlich gibt es auch Chefinnen, tolle und weniger tolle. Der Einfachheit halber verwende ich im Folgenden aber nur die männliche Form.

Nachdem Ihr erster Ärger verflogen ist, denken Sie zum x-ten Male daran, wie Sie damals, als Sie in Ihren ersten Job einstiegen, sich Ihren idealen Vorgesetzten ausmalten. Einen Chef, der freundlich und fair ist. Einer, der Sie nach Ihrer Meinung fragt, anstatt von oben herab zu regieren. Einer, der Sie zwar fordert, aber auch fördert. Einer, der Ihnen im Alltagsstress den Rücken stärkt und Ihnen nicht in denselben fällt. Einer, der offen und ehrlich redet, anstatt aalglatt wie ein Politiker. Kurz: ein Fachmann und Mentor. Das Traurigste an diesen zerstörten Illusionen: Es gibt diesen Chef tatsächlich – nur Sie haben ihn nicht!

Eine/r von fünfzig hat ihn. Wenn Sie in Ihrem Gedächtnis kramen, dann fällt Ihnen sogar ein Kollege (oder eine Kollegin) ein, der/die mit seinem Chef zufrieden, ja fast glücklich ist. Er/sie hat offensichtlich all das, wovon Sie träumen. Einen tollen Job und einen tollen Chef. »Jaja«, denken Sie, »der/die hat eben Glück gehabt. Bei meinem Chef ist Hopfen und Malz verloren.« Das ist eine berechtigte Einstellung. Man nennt sie auch Resignation. Wer alle Hoffnung fahren lässt, ist wenigstens nicht enttäuscht, wenn's nicht besser wird. Leider hat Resignation eine entscheidende Nebenwirkung: Sie macht krank. »Wenn ich einen Patienten operiere«, sagt der US-Starchirurg Bernie Siegel, »kann ich sehen, wie er auf seinen Vorgesetzten reagiert. Die Resignierten haben Magengeschwüre.« Wussten Sie, dass die meisten psychosomatischen Erkrankungen durch den Ärger mit Vorgesetzten entstehen? Resignierte denken: »Ich habe eben Pech gehabt. Chef ist Chef und Schnaps ist Schnaps. Kann man nichts machen.« Das ist ein Irrtum.

»Victims wanted.«

PLAKAT IM HARD ROCK CAFÉ NEW YORK

Sie können Ihren Chef ändern!

Sie glauben nicht, dass Sie Ihren Vorgesetzten ändern können? »Ich habe es schon tausendmal versucht!« Sie haben

- im Guten mit ihm geredet,
- ihn angebrüllt,
- ihn auflaufen lassen oder ignoriert,
- ihn sabotiert,
- mit seinem Vorgesetzten geredet,
- die Solidarität der Kolleginnen mobilisiert.

Sie glauben, Sie können Ihren Chef nicht ändern? Erinnern Sie sich noch an einen der Vorfälle, als Sie Ihren Chef mit einer unbedachten Äußerung zur Weißglut brachten? Er flippte total aus, schrie Sie an und bekam einen hochroten Kopf. Das haben Sie geschafft! Vielleicht wollten Sie damals in den Erdboden versinken. Tatsache bleibt jedoch, dass Sie Ihren Chef entscheidend und mit durchschlagender Wirkung beeinflusst haben. Der Haken dabei ist, dass Ihnen das unbewusst passierte. Das ist ein reparabler

Haken. Denn Sie kennen sicher Kolleginnen, die den Chef ganz bewusst auf 120 bringen, um sich an ihm zu rächen. Das ist also erlernbar. Und genauso erlernbar ist, ihn nicht zum Kochen, sondern dazu zu bringen, fair mit Ihnen umzugehen. Das ist kein prinzipieller Unterschied, sondern nur ein Unterschied der Richtung Ihrer Beeinflussung. Wie das geht, lesen Sie in diesem Buch.

»Mein Chef ist so unbeweglich wie der Fels von Gibraltar. Er ist so wenig zu ändern, wie … wie …« Wie ein pubertierender Fünfzehnjähriger? Denken Sie an Ihre eigenen oder an die Kinder von Bekannten. Wie oft sagen oder hören Sie: »So ein Flegel. Ich rede mir den Mund fusselig, aber deckt der Bengel auch nur ein einziges Mal freiwillig den Tisch? Eher friert die Hölle zu!« Ein hoffnungsloser Fall. Die Hormone, die Pubertät. Da ist nichts zu machen. Andere Eltern haben nette Kinder, aber wir haben einen unverbesserlichen Faulpelz.

Und dann erfahren Sie, dass dieser unverbesserliche Faulpelz bei den Nachbarn zu Besuch den Tisch gedeckt und nach dem Essen wie selbstverständlich abgeräumt hat. Freiwillig! Unfassbar. Sie tun das vielleicht als Ausnahme ab. Die Tatsache bleibt jedoch: Was Sie für unveränderlich hielten, hat sich – wenn auch nur für einen kurzen Augenblick – für alle Welt erkennbar geändert. Und Sie behaupten, Ihr Chef sei nicht zu ändern? Natürlich dürfen Sie denken, was Sie wollen. Sie dürfen auch so viele Magengeschwüre haben, wie Sie wollen. Sollten Sie sich für die Magengeschwüre entscheiden, dürfen Sie das Buch jetzt beiseitelegen. Für Magengeschwüre brauchen Sie mich nicht. Die kriegen Sie auch alleine hin.

Wenn Sie sich jedoch dafür entscheiden, Ihre Opferrolle in den Gully, zu kippen, Ihren Chef zu ändern und ihn zu dem Ideal-Chef zu machen, den Sie sich immer erträumt haben – dabei kann ich Ihnen helfen.

Jeder hat den Vorgesetzten, den er verdient? Nein.

Jeder hat den Vorgesetzten, den er sich erzieht.

Was macht tolle Chefs so toll?

Drei Dinge braucht ein toller Chef

Sie wissen, was Sie an Ihrem Chef aufregt. Er ist launisch, regiert überall rein, hat fachlich keine Ahnung … Wie sieht Ihre Liste aus?

Meist wissen wir sehr genau, was uns an unserem Chef stört. Etwas schwieriger wird es, wenn wir überlegen, wie der ideale Vorgesetzte aussehen soll. Was muss er tun und können? Was ist das Gegenteil von launisch? Von hineinregieren? Nicht-launisch? Nicht-hineinregieren? Und reicht es aus, den idealen Chef nur über das zu definieren, was er nicht tun sollte? Sicher nicht. Doch täglich regen wir uns so über Dinge auf, die unser Chef nicht tun sollte, dass wir aus den Augen verloren haben, was er denn eigentlich tun sollte. Das Ideal ist verschüttet. Wir müssen es erst wieder ausgraben. Haben Sie Lust auf ein kleines Experiment?

Lehnen Sie sich zurück. Entspannen Sie sich. Stellen Sie sich die Frage: »Wer hat mich in meinem Leben bisher geführt?« Ihnen werden vielleicht Eltern, Großeltern, Lehrer, Gruppenleiter im Sport, Armee-Ausbilder, Professoren, Meister, Manager und andere Personen einfallen. Sind sie Ihnen alle wieder präsent? Dann entscheiden Sie sich jetzt bitte, wer von all jenen Sie aus Ihrer heutigen Sichtweise wirklich gut führte:

____

____

____

____

Wieso? Was hat diese Person so besonders gut gemacht, dass Sie heute zum Urteil kommen, sie habe Sie besonders positiv beeinflusst? Versuchen Sie es auszudrücken:

____

____

____

____

____

»Sie war einfühlsam, aber gleichzeitig hat sie viel von mir verlangt.« »War halt ein prima Kerl.« Das sind häufige Antworten auf die vorangehende Frage. Einige Eigenschaften unserer Vorbild-Führungskraft können wir recht gut beschreiben. Doch oft ist das wenig hilfreich. Ein prima Kerl war er, sicher, aber was genau machte ihn dazu? Solange ich das nicht weiß, kann ich auch meinen aktuellen Vorgesetzten nicht in die gewünschte Richtung beeinflussen. Also, was macht tolle Chefs denn nun so toll?

Diese Frage beantworten Statistik und Gestalt-Therapie recht klar. Ein Vorgesetzter wird von den meisten Menschen umso angenehmer eingeschätzt, je stärker er drei Erwartungen erfüllt. Nämlich die Erwartung nach

- Sicherheit
- Einzigartigkeit
- Freiraum

Überprüfen Sie im Folgenden diese drei Erwartungen an Ihren Chef. Welche erfüllt er gut? Welche erfüllt er verbesserungsfähig? Welche erfüllt er überhaupt nicht?

Ein guter Chef gibt Sicherheit

Gute Vorgesetzte vermitteln Sicherheit. Ihre Mitarbeiter sagen über sie: »Ich kann mich auf ihn verlassen.« »Man weiß, woran man bei ihr ist.« »Ich wusste, wo ich dran war.« Wir alle wollen den Rahmen wissen, in dem wir uns bewegen. Die Spielregeln müssen klar sein und eingehalten werden: »Mein Chef sagt A, dann meint er auch A.«

Chefs, die sagen: »Bei mir zählt Leistung«, und dann den größten Schleimer befördern, verunsichern uns: »Was jetzt? Soll ich schleimen oder leisten? Was wird denn nun belohnt? War das die Ausnahme? Oder ist das eine geheime Regel?« Niemand hat etwas dagegen, wenn Schleimerei belohnt wird. Schleimerei ist auch eine Form von Leistung. Es muss nur klar und deutlich gesagt werden. Spielregeln müssen

- klar und deutlich kommuniziert werden,
- konsistent eingehalten werden.

Alles andere verunsichert. Man kann nicht einmal so und dann wieder ganz anders entscheiden.

Gibt Ihnen Ihr Chef diese Sicherheit? Wissen Sie, woran Sie mit ihm sind? Oder haben Sie das Gefühl, er verfährt nach reiner Willkür und Sie sind ihm hilflos ausgeliefert: »Er hält sich nicht an die eigenen Spielregeln! Der macht doch eh, was er will.« Dass viele Chefs »mit gespaltener Zunge« sprechen, ist Ihnen schon so in Fleisch und Blut übergegangen, dass Sie normalerweise immer davon ausgehen, dass Chefs nicht meinen, was sie sagen:

»Umstrukturierung heißt Entlassungen.«

»Verbesserungsvorschläge sind erwünscht, heißt, man reicht einen Vorschlag ein und hört dann nie wieder etwas davon.«

»Kritische Meinung ist gefragt, heißt, wer den Mund aufmacht, gilt als Nestbeschmutzer.«

Diese Tendenz, Spielregeln aufzustellen und sie dann nicht einzuhalten, verunsichert bis in die Angst hinein. Nach einer Studie der Uni Bochum herrscht in 80 Prozent der Unternehmen die nackte Angst. Kein Wunder, wenn die Spielregeln nicht klar sind oder die Führungskräfte sich nicht daran halten.

Oder ist Ihr Chef einfach launisch? Auch das ist eine Form der Verunsicherung. Heute ist er freundlich und hilfreich, morgen kalt abweisend. Ohne ersichtlichen Grund! Sie fragen sich: »Habe ich etwas falsch gemacht? Ist er wütend auf mich oder gibt er nur den Druck von oben weiter?« Oder verunsichert Ihr Chef durch schwer nachvollziehbare Entscheidungen? Gestern beheben Sie eigenständig eine Panne beim Kunden und werden dafür gelobt. Heute tun Sie dasselbe bei einem anderen Kunden, worauf man Sie vorwurfsvoll fragt, warum zum Teufel Sie nicht den Vorgesetzten eingeschaltet haben! Wat denn nu?

Sie sitzen da, lassen die Arbeit liegen und grübeln stattdessen: »Soll ich ihn jetzt bei jeder Panne einschalten? Dann mosert er vielleicht, dass ich ihn mit Trivialitäten in Ruhe lassen soll. Handle ich aber eigenverantwortlich, dann kehrt er seinen Rang heraus. Egal, was ich tue, ich kann eins draufbekommen!« Da soll man wissen, woran man ist! Sicher fühlt man sich dagegen bei einem Chef, der sagt: »Frau Müller, hervorragendes eigenständiges Denken gestern. Aber die Panne heute betraf einen der neuen Prozessoren. Gut, dass Sie wieder schnell gehandelt haben. Aber künftig legen Sie mir alles, was die neuen Teile betrifft, gleich rein. Das möchte ich gern selbst machen, um dem Forschungsleiter gleich Bescheid sagen zu können.« Da weiß man/frau doch, wo man/frau dran ist.

Sicherheit gibt auch, wenn uns der Chef Rückendeckung nach oben und außen gibt. Auch wenn der reklamierende Kunde sachlich recht hat, haut ein guter Vorgesetzter Sie nicht vor dem Kunden in die Pfanne. Später, wenn der Kunde weg ist, mag es eine Rüge geben. Aber vor dem Kunden erwarten wir, dass der Chef hinter uns steht. Dasselbe erwarten wir bei »Angriffen« von oben. Es gibt Vorgesetzte, die vermitteln diese Sicherheit. Sie stellen sich bei Angriffen vor uns und sagen: »Herr Direktor, auf meine Leute lasse ich nichts kommen!«

Überrascht bin ich manchmal, wie oft Menschen sich darüber beklagen, dass ihr Chef sie verunsichere, weil er »sachlich und fachlich keine Ahnung hat«, wie eine Sekretärin in einem Tonstudio es ausdrückte und anfügte: »Er braucht ja nicht unbedingt über meine Arbeit Bescheid zu wissen und auch nicht über die Arbeit der Tontechniker, aber irgendetwas muss er doch beherrschen!« Sachkenntnis – egal auf welchem Gebiet – vermittelt Sicherheit. Wir erwarten gar nicht, dass der Chef sich besser auskennt als irgendeiner seiner Mitarbeiter, aber wir erwarten, dass er ein bestimmtes Thema beherrscht und uns dadurch die nötige Sicherheit vermittelt. Ein Chef, der sich nicht auskennt, verunsichert extrem.

Wie schneidet Ihr Chef ab? Sagt er klar, was Sache ist, und hält er sich daran? Ist er konsequent? Hält er sein Wort? Gibt er Ihnen Sicherheit? Nicht irgendeine, sondern genau das Maß, das Sie brauchen? Oder reicht sein Maß an Sicherheit nicht an das heran, das Sie brauchen? Dann nehmen Sie sich einen Zettel, schreiben Sie »Wunschzettel« drüber und bewahren Sie ihn auf, bis wir uns anschauen werden, wie Sie dieses Sicherheitsdefizit beheben können (nämlich im Kapitel »S – wie Smarte Ziele«, S. 66 ff., in dem wir die Ziele Ihrer Cheferziehung formulieren).

Er erkennt unsere Einzigartigkeit an

Gute Chefs geben nicht nur Sicherheit, sie geben uns auch Anerkennung. Deshalb regen wir uns auf, wenn der Chef sagt: »Läuft ja alles spitze hier in der Abteilung!« Das ist nett gemeint, aber das wollen wir nicht hören. Klar, wir wollen auch nicht hören, dass es hier mies läuft. Doch Pauschallob macht keinen glücklich.

Wir wollen persönlich angesprochen werden. Niemand ist gern ein Rädchen im Getriebe. Menschen wollen als Menschen anerkannt werden, nicht als Teile einer anonymen Masse. Wir wollen spüren: »Ich zähle. Ich bin wichtig für den Chef und für den Betrieb. Ich bin nicht ohne Weiteres ersetzbar.« Die Amerikaner haben ein geflügeltes Wort für das Anerkennen der Individualität: Show a little respect. Viele Führungskräfte sind respektlos.

Jetzt wissen Sie auch, weshalb so manchen das sogenannte Mitarbeitergespräch schrecklich aufregt. Der Chef sagt: »Nun erzählen Sie mal!« Das klingt wie: »Ich habe keine Ahnung, was Sie hier machen. Ehrlich gesagt, erinnere ich mich kaum an Ihr Gesicht. Ich weiß nicht, was Sie gut machen und wo Sie noch Hilfe brauchen. Wenn ich nicht Ihre Personalakte vor mir hätte, könnte ich nicht mal mit Sicherheit sagen, dass Sie hier arbeiten.« Der Vorgesetzte hat nichts zu Ihrer Arbeit zu sagen. Nicht mal Kritik. Es ist, als ob es Sie nicht gäbe.

> »Wenn ich dem Chef auf dem Hof begegne, schaut er mich an und ich weiß genau: Der kennt dich nicht, der weiß nichts von dir.«
>
> frustrierter Mitarbeiter

Tom Watson, der Gründer von IBM, wusste, dass Menschen kein Pauschallob, sondern persönliche Anerkennung brauchen. Wenn ein Verkäufer ein besonders lukratives Geschäft abgeschlossen hatte oder ein Entwickler eine besonders tolle Idee vorbrachte, dann drückte Watson dem Betreffenden schon mal spontan 500 Dollar in die Hand. Eines Tages, so die IBM-Legende, kam ein junger Angestellter aufgeregt in Watsons Büro und berichtete von einer wirklich hervorragenden Leistung. Tom Watson war entzückt und suchte fieberhaft in seinen Taschen nach etwas, das er als Zeichen seiner Anerkennung überreichen konnte. Zu seinem stummen Entsetzen war an diesem Tag aber absolut nichts aufzutreiben. Nur in seiner Schreibtischschublade lag die Banane, die er zum Frühstück essen wollte. Er reichte sie dem jungen Mann. Dieser nahm sie strahlend an, ging hinaus und zeigte sie seinen Kollegen. Seitdem ist die Banane das IBM-Symbol für Leistung.

Das erwarten wir von unserem Vorgesetzten. Es ist gar nicht so wichtig, was er uns in die Hand drückt. Manchmal ist eine Banane so viel wert wie 500 Dollar. Es kommt einzig und allein darauf an, dass er damit ehrliche Anerkennung für eine ganz bestimmte Leistung ausdrückt. Leider tut er das (noch) nicht. Aber Sie können ihn dazu bringen. Schreiben Sie »persönliche, leistungsbezogene Anerkennung« auf Ihren Wunschzettel und warten Sie bis zum Kapitel »S – wie Smarte Ziele«, S. 66 ff., in dem wir uns anschauen, wie Sie dieses Ziel erfolgversprechend formulieren.

Die Auffassung, dass wir drei Grundbedürfnisse haben, deren Erfüllung wir an Partner, Kollegen und Vorgesetzte als Erwartungen herantragen, stammt aus der Gestalt-Therapie, deren Vater Fritz Perls ist.

Wir brauchen unseren Freiraum

Gute Chefs geben Sicherheit, sie geben Anerkennung und sie geben Freiraum. Weniger gute Chefs kauen mit uns jede Kleinigkeit hundertmal durch, nehmen uns eigenständiges Denken und eigene Entscheidungen ab. Nicht aus böser Absicht. Sondern weil sie glauben, dass wir überfordert seien oder nur sie allein die Arbeit »richtig« machen könnten. Alle Nase lang steckt der Chef den Kopf durch die Tür und schaut nach, »ob auch alles läuft«. Er meint es durchaus gut. Wir empfinden es jedoch ganz anders.

»Bin ich ein Trottel, der nichts alleine machen kann?«, fragen wir uns frustriert. Nichts darf man selber ausprobieren, alles ist haarklein geregelt. Es gibt keine Herausforderung in so einem durchgenormten Leben, keine reizvolle Aufgabe, nichts Neues, was anzupacken sich lohnte. Wir möchten uns bestätigen, aber das können wir nicht, wenn alles bereits vorgekaut ist. So hatten wir uns unseren Job nicht vorgestellt.

> »Echte Freiheit bedeutet nicht, Freiheit von Arbeit, sondern Freiheit in der Arbeit.«
>
> Lewis Mumford

Was wir erwarten, ist ein Chef, der uns sagt, was wir erreichen sollen, der uns aber das Wie – in Grenzen – selbst überlässt. Er gibt uns das Ziel vor, den Weg zum Ziel wählen wir. Einer meiner Seminarteilnehmer hat in dieser Hinsicht den idealen Chef gefunden. Der sagte ihm kurz nach der Einstellung: »Herr Jung, ob Sie hier morgens um sechs oder um elf erscheinen, ist mir egal. Hauptsache, Ihre Projekte laufen zu den Präsentationsterminen.« Und an diese Freiraumzusage hat sich der Chef seither gehalten; siehe oben, Stichwort Sicherheit. Gibt Ihr Chef Ihnen den Freiraum, den Sie brauchen? Und hält er sich konstant daran? Wenn nicht, dann machen Sie sich eine Notiz auf Ihren Wunschzettel.

Es gibt ihn, den idealen Chef

Ein guter Chef gibt uns Sicherheit, Anerkennung und Freiraum. Wir alle brauchen diese drei Dinge. Worin wir uns unterscheiden, ist die Gewichtung der drei Erwartungen. Für manchen steht Sicherheit an erster Stelle. Anderen ist Freiraum besonders wichtig. Diese Gewichtungen können sich von Zeit zu Zeit ändern. Je nachdem, wie wir uns gerade entwickeln.

Schauen Sie nochmals zurück. Die Führungskraft, die Sie in unserem kleinen Experiment zu Beginn dieses Kapitels als besonders gut einstuften, hat die Erwartung, die Ihnen momentan am wichtigsten ist, besonders gut erfüllt. Sie hat aber auch die anderen beiden Erwartungen gut berücksichtigt. Deshalb haben Sie sie ausgewählt. Das heißt: Es gibt ihn, den idealen Chef. Auch in Ihrem Leben! Es ist genau der Chef, der die Balance dieser drei Ansprüche beherrscht. So einfach ist es, den idealen Vorgesetzten zu finden.

Ja, zum Kuckuck, wenn das so simpel ist, warum werden dann nicht einfach alle Führungskräfte darin geschult, und das Problem wäre vom Tisch! Schön wär's, wenn das so einfach wäre. Man nehme ein Dreitagesseminar, stecke alle angehenden Chefs hinein, und die Mitarbeiter dieser Welt haben fortan ein schönes Leben. Das ist nicht die ganze Wahrheit. Die ganze Wahrheit ist: It takes two to tango.

Zu einem Problem gehören immer zwei. Selbst wenn Ihr Chef die vorbildliche Führungskraft in Person ist, ist das Problem nicht gelöst, wenn Sie ihn nicht vorbildlich führen lassen. Wie? Jetzt sind am Ende noch Sie selbst schuld, dass Ihr Chef ein Scheusal ist? Nicht Sie allein: It takes two … So wie Ihr Chef Sie beeinflusst (er bringt Sie auf die Palme), beeinflussen Sie Ihren Chef (Sie irritieren ihn). Das erleben Sie jeden Tag beim Einkaufen. Lächeln Sie einfach mal die unfreundliche Verkäuferin im Laden unbeirrt freundlich an, während sie Sie bedient. Nach spätestens 30 Sekunden haben Sie selbst dem giftigsten Drachen ein Lächeln aufs Gesicht gezaubert (übrigens, es gibt genauso viele giftige Verkäufer). Das funktioniert genauso gut andersherum. Jeden gut gelaunten Menschen bekommen Sie mit zwei, drei patzigen Bemerkungen ins Grübeln. Führen ist keine Einbahnstraße. Erinnern Sie sich an den Augenblick, in dem Sie Ihren Chef schon einmal auf 180 hatten. Da haben Sie ihn eindrucksvoll »von unten« geführt. Und das war keine Ausnahme, das ist die Regel.

»Nehmen Sie sich in Acht, was Sie sich wünschen. Wünsche werden wahr.«

Paul Watzlawick

Menschen beeinflussen Menschen. Sie beeinflussen sich gegenseitig. So wie Sie nicht nicht kommunizieren können, können Sie auch nicht nicht beeinflussen. Sie beeinflussen immer andere Menschen. Auch Ihren Chef. Es stellt sich lediglich die Frage: Beeinflussen Sie ihn so, wie Sie es möchten, oder geht es Ihnen so wie mit dem Geburtstag Ihres Partners? »Du treuloser Schuft! Du hast meinen Geburtstag vergessen!« »Du, entschuldige mal, aber Geburtstage, wen kümmert schon so eine Jahreszahl?« »Mich, du blöder Ignorant, mich!«

Zweifellos wollten Sie Ihren Partner nicht in Rage bringen. Aber Sie haben es, genauso zweifellos, getan. Sie waren es, der sie/ihn die Wand hochtrieb. Natürlich nicht absichtlich! Trotzdem ist er/sie jetzt auf 180. Da muss irgendetwas mit Ihrer Beeinflussung schiefgelaufen sein. Auf Deutsch: Sie haben einen Bumerang geworfen, und jetzt haben Sie 'ne rote Backe. Wäre es nicht schön zu erfahren, wie Sie diese Eigentore vermeiden und Ihren Chef so beeinflussen können, dass Sie den Chef bekommen, von dem Sie überzeugt sind, ihn verdient zu haben? Dann lassen Sie uns das Problem mit Ihrem Chef genauer ansehen. Das Chefproblem beginnt schon damit, dass wir zwar wissen, dass wir schon wieder und worüber wir mit dem Chef im Clinch liegen.

Aber meist liegt alles andere in dichtem Nebel: Warum hat's denn eigentlich soeben gekracht? Wie George Santayana sagte: »Wer nichts aus seinen Katastrophen lernt, ist dazu verurteilt, sie ständig zu wiederholen.« Lassen Sie uns klären, was Sie aus den typischen Problemsituationen lernen können, um es künftig anders, besser zu machen. Dazu betrachten wir Ihre Problemsituation ganz genau.

Das P.U.S.T.E.-Modell

P. = Problem
Was ist genau das Problem?

U. = Ursache
Was steckt dahinter?

S. = Smarte Ziele
Wie hätten Sie es gern?

T. = Talente/Ressourcen + Techniken
Welche Fähigkeiten helfen Ihnen?
Welche Techniken können Sie unterstützen?

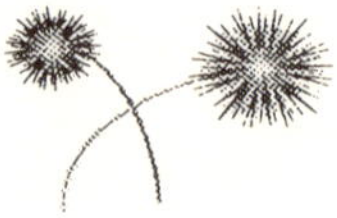

E. = Ergebnissicherung
Wann, wo und wie genau werden Sie Ihr Ziel erreichen?

Look before you leap.

SPRICHWORT

»Sometimes it's harder to look than to leap.«

THE STRANGLERS

P – wie Problemdiagnose

Wo drückt der Schuh?

Was würden Sie von einem Arzt halten, der Ihnen erst mal eine Riesenspritze Antibiotikum reinhaut und danach fragt: »Was fehlt Ihnen eigentlich? Wo tut's weh?« Nicht viel, so viel ist sicher. Leider funktioniert unsere heutige Medizin nicht viel anders. Wer beispielsweise häufig Kopfweh hat, behandelt sich erst mal selbst mit Aspirin. Hilft das nicht, geht man zum Hausarzt. Dieser stellt zwei, drei Fragen und verschreibt dann die verschreibungspflichtige Version des Aspirins. Wenn's hilft, gut, wenn's nicht hilft, dann haben Sie ein Problem. Das Problem lautet: Wie zum Kuckuck soll man Kopfweh therapieren, wenn man nicht mal die Ursache dafür kennt?

Sicher haben Sie schon den einen oder anderen gut gemeinten Rat von Kollegen, vom Partner, von der Familie befolgt: »Reg dich halt nicht so auf, wenn der Chef wieder spinnt.« »Lass dir nichts gefallen, wehr dich!« Ist das Kopfweh, pardon, das Problem damit verschwunden? Wenn ja, prima. Meist verschwindet das Problem jedoch nicht aufgrund simpler Tu-das-Rezepte. Irgendwann geht man als Kopfwehpatient dann zum »Spezialisten«, und da erfährt man zum ersten Mal, dass Medizin eine exakte Wissenschaft sein kann. Der Spezialist tut tatsächlich das, was der Hausarzt längst hätte tun müssen. Nämlich herausfinden, was eigentlich die Ursache des Kopfwehs ist. Man bekommt einen mehrseitigen Fragebogen mit lauter Fragen wie: Wann bekommen Sie Kopfweh? Was haben Sie davor gegessen? Wie war die Arbeit? Hatten Sie Ärger? Fuhren Sie lange Auto?

Als alte Sherlock-Holmes-Leser wissen Sie: Da bemüht sich einer doch tatsächlich, die Zusammenhänge zu sehen. Welche Faktoren verursachen das Kopfweh? Unter welchen Umständen kommt es zum Krach mit Ihrem Chef? Nur wer die Umstände kennt, kann die Ursachen herausfinden. Das ist auch der Grund, weshalb sich viele Menschen jahrelang über ihren Chef aufregen, aber nie wirklich etwas an ihrem Problem ändern können. Sie kennen die Zusammenhänge nicht. Das ist oft tragisch.

Denn natürlich versuchen wir immer wieder, den Chef zu ändern, und rennen immer wieder gegen eine Wand. Eine Ingenieurin litt jahrelang unter Sehstörungen, die sie fast arbeitsunfähig für ihren CAD-Platz gemacht hätten. Immer wenn es besonders stressig war, sah sie nur noch verschwommen. Also besuchte sie jahrelang Stress-Seminare – erfolglos. Sie wurde so ruhig wie ein Chirurg, und trotzdem sah sie doppelt. Als die Situation schließlich bedrohlich wurde, besann sie sich auf ihre wissenschaftliche Ausbildung. Sie führte zwei Wochen lang minutiös Buch über alle Faktoren, die sie nicht a priori als Einflüsse ausschließen konnte. Was glauben Sie, fand sie als Ursache der Sehstörungen heraus? Zucker. Die Ingenieurin hatte einen »süßen Zahn«. Nicht immer, aber es gab Tage, da putzte sie schon mal zwei Tafeln Schokolade weg. Mit circa 20 Stunden Verzögerung traten die Nebeneffekte ein. Nebeneffekte, die inzwischen in jedem Lebensmittelchemie-Lehrbuch nachzulesen sind, unter anderem eben Sehstörungen.

Viele Menschen sind nicht so clever wie die Ingenieurin. Sie sagen: »Ich habe Kopfweh, und mein Hausarzt sagt, dass das das Alter/meine Erbmasse/der Stress ist. Ich muss mich eben damit abfinden.« Vielleicht ist Ihr Chef tatsächlich ein unverbesserlicher Psychopath. Vielleicht ist es sein Alter, seine Gene, sein Stress. Aber vielleicht auch nicht. Vielleicht glauben Sie nur, dass der Chef unverbesserlich ist. In Wirklichkeit haben Sie bislang nur den entscheidenden Faktor übersehen. Weil Sie bislang immer wie ein Hausarzt und nicht wie ein Spezialist diagnostiziert haben. Ohne wirklich gründliche Diagnose gibt es keine wirklich erfolgreiche Therapie. Also lassen Sie uns Ihr Problem diagnostizieren, wie es Spezialisten tun würden. Die exakte Problemdiagnose ist der erste Schritt zur Lösung:

Stellen Sie sich vor, Ihr Chefproblem wird demnächst verfilmt. Hollywood kauft Ihnen die Filmrechte ab. Welchen Titel geben Sie dem Film?

____

____

Beschreiben Sie jetzt das Problem mit Ihrem Chef in einem Satz:

____

____

Finden Sie zehn Stichworte, die Ihre Situation prägnant charakterisieren:

____

____

____

____

Damit haben Sie eigene Worte für Ihr Problem gefunden – eine wichtige Signalhandlung. Nur wer sich das Problem zu eigen macht, kann es lösen. Die eigenen Worte, Vergleiche und Metaphern haben eine höhere Motivationswirkung als die geflügeltsten Worte aus fremder Feder. Wer eigene Worte für sein Problem findet, macht das bislang Ungreifbare, Diffuse, Furchterregende zum greifbaren, klaren und konstruktiven Problembild. Nachdem Sie Ihr Problem konkretisiert haben, gilt es herausfinden, welche Faktoren das Problem auslösen oder begleiten, um später (im Kapitel »U – wie Ursachensuche«, S. 42 ff.) daraus die Ursachen herauslesen zu können.

Erinnern Sie sich an drei Situationen, in denen Ihr Problem innerhalb des letzten Jahres auftauchte. Notieren Sie diese mit ungefähren Zeitangaben und mit jeweils einem Stichwort:

A: ______________________________

B: ______________________________

C: ______________________________

Schreiben Sie Ihre Antworten auf die folgenden Fragen auf ein Blatt Papier, Ihr Diagnoseblatt:

1. Unter welchen Bedingungen tritt das Problem typischerweise auf? Was sind die Auslöser?
   Schon an dieser ersten einfachen Frage erkennen Sie den lösungsorientierten Wert einer guten Diagnose. Ein Teilnehmer meiner Seminare sagte einmal: »Mein Chef ist normalerweise ganz in Ordnung. Nur einmal im Monat macht er Stress. Seit ich herausgefunden habe, dass das immer mit der Vorlage der Controllingzahlen zu tun hat, mache ich mich an diesen Tagen rar, gehe auf Kundenbesuche oder weiche ihm anders aus. Das klappt ganz gut.« Gute Diagnose, gute Problemlösung.

2. Wie reagieren Sie in der Problemsituation?
   Was ist Ihre automatische Reaktion? Geben Sie Ihrem Chef Contra oder schlucken Sie das Verhalten Ihres Chefs achselzuckend oder …? Was genau tun Sie?
3. Was sagen Sie sich innerlich selbst in dieser Problemsituation?
   Schreiben Sie es auf. Es ist wichtig. Wie Sie im nächsten Kapitel sehen werden, kann das, was Sie sich in der Problemsituation denken oder innerlich sagen, das eigentliche Problem verschlimmern oder auch mildern, wenn nicht sogar lösen.
4. Welche Gefühle löst das Problem bei Ihnen aus?
   Ebenfalls wichtig. Denn schließlich wollen Sie sich besser fühlen. Dazu müssen Sie erst einmal festhalten, wie Sie sich eigentlich fühlen, wenn das Problem auftaucht.
5. Welche Faktoren verstärken dieses Gefühl?
   Schreiben Sie alles auf. Von Umweltfaktoren (lautes Telefonieren der Bürokolleginnen) bis persönliche Faktoren (Krach mit dem Partner). Schließlich brauchen wir alle Faktoren, die das Problem beeinflussen, um es ein für alle Mal lösen zu können.
6. Wie stabil ist Ihr Selbstwertgefühl in diesem Moment?
   Sie können das mit einer Skala beantworten, entweder von plus fünf bis minus fünf, von null bis zehn, oder von null auf hundert Prozent. Das Selbstwertgefühl ist ein Schlüsselfaktor für Problemsituationen. Deshalb betrachten wir es uns gleich eingehend (im nächsten Kapitel).
7. Gibt es Abweichungen im Ablauf der Problemsituation und wenn ja, welche?

Sie werden erstaunt sein, was dabei herauskommt, wenn Sie die Abweichungen suchen. Neulich sagte eine Teilnehmerin auf einem Seminar: »Sonst macht der Chef immer Druck, wenn der Termin wackelt. Letzte Woche hat er einen Scherz gemacht. Was soll denn das nun wieder?« Das ist eine Abweichung. Notieren Sie sie. Sie spielt ebenfalls eine wichtige Rolle bei der Problemlösung.

8. Welche Faktoren verstärken das Verhalten Ihres Vorgesetzten?
   Sehr viele Menschen, die unter ihrem Chef leiden, berichten übereinstimmend: »Mein Vorgesetzter ist eigentlich sehr umgänglich. Nur wenn er selbst Stress mit seinem eigenen Vorgesetzten hat, gibt er den Druck 1 zu 1 nach unten weiter.« Allein schon diese Einsicht kann Ihren Leidensdruck mildern. Der Chef ist kein Sadist, sondern auch nur gestresst.

Wenn Sie die Diagnose gedanklich oder schriftlich mitgemacht haben, dann werden Sie möglicherweise bereits eine Veränderung bemerken. Das Problem mit Ihrem Chef, das vorher übermächtig, dunkel und drohend in Ihrer Magengegend oder Ihrem Hinterkopf waberte, wirkt auf einmal gar nicht mehr so bedrohlich. Das ist ein schöner Nebeneffekt. Viele Dinge verlieren von ihrem Schrecken, sobald sie ausgesprochen, niedergeschrieben oder klar angedacht werden. Sie fühlen sich nicht mehr nur als hilfloses Opfer. In dem Maße, wie man das Problem durchschaut, wächst auch das Vertrauen, etwas dagegen unternehmen zu können.

Taugt Ihre Strategie?

Schauen Sie sich noch einmal Ihre Antwort auf Frage 2 an. Wie reagieren Sie normalerweise in der Problemsituation? Und wie wirkt diese Reaktion? Wir alle neigen dazu, Lösungsstrategien beizubehalten, die früher einmal sehr nützlich für uns waren. Inzwischen hat sich unsere Lebenssituation grundlegend geändert – leider unsere Strategie nicht. Im Allgemeinen überlebt die Strategie die Situation, für die sie entworfen wurde.

Ein 43-jähriger Seminarteilnehmer berichtete, wie er auch heute noch die Strategie der beleidigten Leberwurst anwendet, wenn er das Gefühl hat, ungerecht behandelt zu werden. Diese Strategie des schnellen Rückzugs mit lang anhaltendem Schmollen war in seiner Kindheit durchaus sinnvoll und erfolgreich. Seine Eltern und seine älteren Geschwister gingen dann immer liebevoll auf ihn zu und glätteten die Wogen. Heute ist er Gruppenleiter einer großen Marketingabteilung und hat ein Strategieproblem. Es kommt öfter vor, dass ihn sein Chef mit Worten maßregelt wie: »Ihr Vorschlag ist nicht durchführbar, kommen Sie doch langsam mal wieder auf den Boden mit Ihren unrealistischen Träumen.« Der Gruppenleiter denkt dann: »Blöder Chef, soll gehen, wohin der Pfeffer wächst«, und zieht sich schmollend zurück. Mit dieser Rückzugsstrategie verschlimmert er das Problem mit seinem Chef. Denn wenn er sich gefrustet in sein Büro verkriecht und schmollend alles liegenlässt, steht der Chef am nächsten Tag bei ihm im Zimmer, um ein neues Konzept abzuholen.

»Es ist eine alte, paradoxe Angewohnheit des Menschen, schneller zu laufen, wenn er sich verirrt hat.«

Rollo May

Was ist überhaupt Ihre Strategie? Meist läuft diese ja unbewusst ab, weil sie schon seit Jahrzehnten eingeübt ist. Also machen Sie sich das, was bislang unbewusst abläuft, bewusst. Man kann nicht ändern, was einem nicht bewusst ist. Und wenn Sie Ihre Strategie vor Ihrem geistigen Auge ablaufen sehen, fragen Sie sich: Funktioniert das? Diese Frage ist eindeutig zu beantworten. Ihre Strategie kann nicht funktionieren, denn sonst wäre das Problem mit Ihrem Chef verschwunden. Die Güte einer Lösungsstrategie können Sie daran messen, ob sie das Problem gelöst hat. Wenn sie das Problem nicht gelöst hat, war sie nicht gut. Strategien müssen sich immer an ihrem Ergebnis messen lassen.

»Früher verbrannten die Menschen eine Frau, wenn die Ernte verdarb, und nannten sie Hexe. Der Mensch hatte schon immer die Tendenz, die Symptome und nicht das Problem zu kurieren.«

PETER SENGE

U – wie Ursachensuche

Die Ursachenlupe

Sie haben jetzt ein oder zwei beschriebene Diagnoseblätter vor sich – oder die wesentlichen Faktoren im Kopf, falls Sie gerade keine Lust zu schreiben haben. Vielleicht sind Ihnen schon bei der einen oder anderen Frage spontan mögliche Ursachen für Ihr Problem eingefallen. Jedenfalls vertiefen wir jetzt die Suche nach den Ursachen Ihres Problems. Das müssen wir nicht aufs Geratewohl hin tun. Auch für die Ursachensuche gibt es ein Hilfsmittel, quasi eine Ursachenlupe. Die Ursache für jedes Problem, nicht nur für das Problem mit Ihrem Chef, fällt im Allgemeinen in eine von vier Kategorien (siehe Schaubild »Die Ursachen-Pyramide«). Mögliche Ursachen finden Sie

- im Umfeld,
- im Verhalten,
- in den Glaubenssätzen,
- im Selbstbild.

Sie kennen vielleicht den Ausdruck »Symptomkur«. Schnaps hilft nicht viel gegen Zahnweh, weil er nicht die Ursachen beseitigt. Lösen kann man Probleme nur an ihren Wurzeln. Wo liegen die Ursachen für Ihr Problem? Gehen Sie die Pyramide von unten nach oben durch.

Die Dilts-Pyramide

Wer bin ich?

Was motiviert/
treibt mich?
Warum tue ich es?

Was glaube ich
über …?

Was kann ich?
Wie geht es?

Was tue ich?

Wo? Wann?
Mit wem?

Die P.U.S.T.E.-Strategie
Im vorigen Kapitel haben wir eine Problemdiagnose gemacht- P. Jetzt suchen wir nach den Ursachen – U. Man nennt diese Vorgehensweise auch die P.U.S.T.E.-Strategie. Den restlichen Buchstaben werden Sie im Folgenden begegnen. Die Strategie ist unmittelbar einleuchtend und universell auf sämtliche Probleme, nicht nur das Chefproblem, anwendbar.

Das Umfeld stimmt nicht

Vielleicht ist Ihr Chef gar nicht das Scheusal, für das Sie ihn halten. Vielleicht kann er überhaupt nichts dafür, denn – wie Brecht schon sagte – die Umstände sind nicht so. Viele Menschen leben in ständigem Clinch mit ihrem Chef, weil dieser einfach nicht zu fassen ist. Dauernd ist er auf Kunden-, Messe- oder Auslandsbesuchen, und wenn er dann mal zwei Tage im Haus ist, muss alles im Schnelldurchlauf gekocht werden. Dass dies Reibereien provoziert, ist nachvollziehbar. Das liegt aber nicht in erster Linie daran, dass der Chef ein Scheusal ist. Lediglich das Umfeld stimmt nicht. Man muss den Chef nicht ändern. Man muss »nur« den Umweltfaktor in den Griff bekommen.

Auch die Schnittstellen sind ein Umweltfaktor. Dauernd kriegen Sie Krach mit Ihrem Chef, weil Kunden reklamieren. Dabei sind die Daten, die Ihnen der Verkauf oder die Dispo geben, so dürftig, dass Sie eigentlich Anerkennung dafür verdienten, weil Sie die Aufträge noch irgendwie zum Kunden bringen.

Ein weiterer Umweltfaktor sind die Spielregeln. Sie kennen Sprüche wie: »Seid mal ein bisschen innovativ.« Wenn man dann einen Vorschlag macht, zack, kriegt man eins aufs Dach. Die geheime Spielregel lautet: »Immer brav den Mund halten.«

Werden Sie fündig? Wenn die Umweltfaktoren nicht stimmen, wird selbst der umgänglichste Chef zum Scheusal. Da nützt es rein gar nichts, wenn Sie versuchen, ihn zu ändern. Denken Sie z. B. an die Terminverzögerungen wegen IT-Problemen. Hier muss die IT, nicht der Chef geändert werden. Es ist also völlig fruchtlos, am Chef herumzudoktern. Nicht Ihr Chef, sondern das Sachproblem muss auf den Tisch und offen besprochen werden. Wie das am erfolgversprechendsten geschehen kann, diskutieren wir im Kapitel »T – wie Talente«, S. 88 ff.

Verzerrte Wahrnehmung

Wie würden Sie das Problem mit Ihrem Chef kennzeichnen?

- »Mit meinem Chef habe ich eigentlich immer nur Ärger.«
- »Nie ist er mal freundlich.«
- »Ich bin ständig verunsichert, wenn er in meiner Nähe ist.«

Das sind häufige Klagen über Chefs. Fällt Ihnen etwas auf? »Immer«, »nie«, »ständig«. Gab es da keine einzige Ausnahme? Erinnern Sie sich an Frage 7 auf Ihrem Diagnose-Blatt. Dort steht möglicherweise eine Ausnahme. Möglicherweise aber auch nicht. Denn möglicherweise generalisieren Sie.

Solche Generalisierungen werden zu Problemursachen, indem wir sie als Glaubenssätze (Stufe 4 der Pyramide) übernehmen: »Mein Chef ist ständig unfreundlich.« Dieser Glaubenssatz wird zur ***Self-Fulfilling Prophecy,*** indem wir von nun an nur das wahrnehmen, was wir schon im Voraus prophezeit haben. Das nennt man selektive Wahrnehmung. Sie kennen ein lukullisches Beispiel dafür. Wenn Sie Hunger haben, sehen Sie in der Straße, durch die Sie gerade fahren, mehr Imbiss-Stuben und Gasthäuser als sonst.

Dass der Chef auch ganz anders sein kann, nehmen wir nicht mehr wahr. Diese Art der Sichtweise kann eine Ursache des Problems sein. Kennen Sie Gegenbeispiele zu dem von Ihnen kritisierten Verhalten Ihres Vorgesetzten? Wann treten sie auf? Wenn sie auftreten, blenden Sie sie unterbewusst aus? Verursacht also Ihr Glaubenssatz, »Der Chef ist immer so«, zumindest einen Teil des Problems? Dann freuen Sie sich. Diesen Teil des Problems können Sie hundertprozentig beeinflussen.

Viele Frauen im Berufsleben haben beispielsweise für alles, was nicht passiert oder funktioniert, folgende Generalisierung parat: »Meine Meinung (als Frau) ist hier eben nicht gefragt.« Und das nur, weil sie vereinzelte Erlebnisse in dieser Richtung hatten. Diese Einzelerlebnisse, gekoppelt mit einem eher geringen Selbstwertgefühl, komprimiert frau dann zu einer Generalisierung, die sich selbst erfüllt.

Ist Ihr Chef gar nicht so schlimm?

Das Problem mit Ihrem Chef hängt also auch davon ab, wie Sie ihn wahrnehmen. Der Chef gibt Ihnen beispielsweise eine Rückmeldung. Ein Kollege steht daneben. Der Chef geht ab und Sie toben: »Ich hasse es, wenn er mir Vorhaltungen macht.« Worauf der Kollege meint: »Wieso? Das war doch ein echt konstruktives Feedback.« Ein Chef, ein Vorfall – zwei Wahrnehmungen. Oder nehmen Sie Ihre eigenen, unterschiedlichen Wahrnehmungen. Es gibt Tage, da bringt Sie die Macke des Chefs in Rage, während Sie an anderen Tagen sogar darüber witzeln können.

Und jetzt nehmen Sie noch die Sichtweise Ihres Chefs hinzu. In meinen Seminaren sind viele Führungskräfte, vor denen mich deren Mitarbeiter schon gewarnt haben: »Das ist vielleicht ein Fiesling.« Im Seminar schätzen sich diese Vorgesetzten selbst oft als Traum-Chefs ein, von denen jeder lernen könnte. »Also meine Sekretärin hat wirklich Glück mit mir gehabt!« Wer lügt hier?

Sie kennen vielleicht den groben Unterschied zwischen einer topografischen und einer Wanderkarte. Erstere ist voller Isoklinen und anderen technischen Unverständlichkeiten, auf Zweiterer sind hübsche Piktogramme mit Feuerstellen, Zelten und Aussichtspunkten. Wie kann dieser

Unterschied sein, wo sie doch ein und dieselbe Landschaft abbilden? Eben deshalb, weil die Landkarte nicht die Landschaft ist. Es gibt unterschiedliche Arten, die Realität wahrzunehmen und wiederzugeben. Was Ihr Vorgesetzter noch als sachlich empfindet, empfinden Sie schon als Frechheit. Und beide haben recht! Und zwar hundertprozentig – aus ihrer jeweiligen Sicht.

Dieser Unterschied zwischen Landkarte und Landschaft ist die häufigste Ursache von Missverständnissen und Misstönen zwischen Vorgesetzten und Mitarbeitern. Was der eine gemeint hat, ist noch lange nicht das, was beim anderen ankommt. Manchmal wird unsere Wahrnehmung und damit unsere Landkarte durch unsere Fantasie fatal beeinflusst. Ein Teilnehmer erzählte mir einmal, wie er schon mehrfach sich vorgenommen hatte, mit seinem Chef ein klärendes Gespräch zu führen. Doch jedes Mal, wenn er sich zu Hause hierfür die Worte zurechtgelegt hatte, kamen ihm Zweifel: »Was ist, wenn der Chef sauer reagiert und mich das in der Folgezeit spüren lässt? Was ist, wenn er mich von dem Projekt, an dem ich so gerne arbeite, zurückzieht? Was ist …« Als der Chef dann am nächsten Tag fragte: »Gibt's etwas, worüber wir reden sollten?«, meinte der Teilnehmer: »Nö, nichts, wieso?« Seine verzerrte Landkarte hatte den armen Wanderer in die Wüste geführt.

Möglicherweise hätte der Chef nämlich gesagt: »Oh, hoppla, Sie haben recht, das ändern wir sofort. Vielen Dank für den Hinweis.« Ist doch möglich, oder? Aber wir werden es nie herausfinden, weil dieser Teil der möglichen Wirklichkeit nicht auf der »Was ist, wenn …?«-Landkarte verzeichnet war. So verursacht unsere eigene Wahrnehmung ein Problem mit dem Vorgesetzten, das es »in Wirklichkeit« möglicherweise gar nicht gibt. Auf jeden Fall aber behindert die verzerrte Wahrnehmung eine konstruktive Lösung. Denn wer ewig »Was ist, wenn ...?« fragt, löst kein Problem.

> »Es gibt keine Wirklichkeit als die, die wir in uns haben. Darum leben die meisten Menschen so unwirklich, weil sie Bilder von außerhalb für die Wirklichkeit halten und ihre eigene Welt in sich gar nicht zu Wort kommen lassen.«
>
> Hermann Hesse

Die Wirkung destruktiver Glaubenssätze ist tragisch. Einem Vorarbeiter bei einem hessischen Straßenbauunternehmen platzte irgendwann mal der Kragen, und er brüllte seinen Chef an: »Jetzt reicht's. Seit Jahren quälen wir uns mit dieser völlig verrotteten Asphaltmaschine herum!« Der Vorgesetzte brüllte zurück: »Und warum, verdammt noch mal, haben Sie das nicht schon vor Jahren gesagt?« Worauf der Vorarbeiter verdutzt meinte: »Öh, ich dachte, Sie würden sowieso keine neue genehmigen.« Dabei hatte der Vorgesetzte gesehen, wie fleißig die Arbeiter die alte Maschine bei jeder Panne zurechtflickten, und war davon ausgegangen, dass eine neue noch nicht nötig sei. Der Vorarbeiter hatte jahrelang unter dem Missstand gelitten. Wirklich gelitten. Er hielt seinen Vorgesetzten für ein knausriges Scheusal. Dabei war dieser gar nicht die Problemursache. Die Ursache war der Glaubenssatz des Vorarbeiters.

Welche Glaubenssätze spuken in Ihrem Kopf herum? Erinnern Sie sich an Ihre Antwort auf Frage 3 im Kapitel »P – wie Problemdiagnose«, S. 38? Was sagen Sie sich innerlich in der Problemsituation? Etwa: »Mein Chef ist eben so. Ich bin da machtlos. Da kann man halt nichts machen. Pech gehabt. Der Chef hat ein Problem, nicht ich. Der Chefsoll sich ändern, nicht ich.« Überprüfen Sie, wie hilfreich Ihre Glaubenssätze bei der Lösung des Problems sind. Es gibt viele Menschen, die vertreten felsenfest den Glaubenssatz: »Wenn der Chef spinnt, soll der Chef sich ändern. Ich jedenfalls tu's nicht.« Das ist ein legitimer Glaubenssatz. Sie dürfen auch glauben: »Wenn der Motor stehen bleibt, soll der Motor auch wieder anlaufen. Ich jedenfalls hole kein Benzin aus dem Ersatzkanister.« Auch das ist berechtigt. Aber es hilft Ihnen nicht aus Ihrem Problem.

Wenn Sie einen Glaubenssatz entdeckt haben, der Ihnen unnötig das Leben schwermacht, dann freuen Sie sich. Es ist eine Entdeckung, die vielen Menschen ein Leben lang verwehrt bleibt. Sie kennen ja die Ironie des Schicksals, bei der der Sterbende noch einmal die Augen aufschlägt und ruft: »Oh, jetzt weiß ich, was ich falsch gemacht habe!« Das können Sie auch früher haben. Hinderliche Glaubenssätze können Sie einfach durch konstruktive Glaubenssätze ersetzen. Wie, das lesen Sie im Kapitel »Was glauben Sie?«, S. 149 ff.

Das Selbstbild als Problemursache

Rutschen wir in der Ursachen-Pyramide noch eine Stufe höher. Gehen wir ans Eingemachte, ans Selbstbild. Es gibt Tage, da fühlen Sie sich unschlagbar, da kann Sie nichts erschüttern. Und es gibt Tage, da wirft Sie schon die kleinste Erschütterung um. Das hängt davon ab, wie gut Sie »drauf« sind. Auf Psychologendeutsch: Ihr Selbstbild ist entscheidend für Ihre Wahrnehmung und Ihr Verhalten.

Das Selbstbild ist eine spannende Sache. Stellen Sie sich einmal vor, Sie stehen vor einer Routinebesprechung mit Ihrem Chef und

- Sie sind gut drauf und Ihr Chef auch,
- Sie sind gut drauf und Ihr Chef nicht,
- Sie sind schlecht drauf und Ihr Chef auch,
- Sie sind schlecht drauf und Ihr Chef gut drauf.

Allein schon der jeweilige Zustand der beiden Selbstbilder kann die Situation völlig auf den Kopf stellen. Denn so, wie wir drauf sind, verhalten wir uns. Eine Seminarteilnehmerin, nennen wir sie Margit Singer, schildert dazu folgendes Beispiel:

»Mein Chef hat mich total im Griff. Er schreibt mir bis ins kleinste Detail vor, was ich wie bis wann zu tun habe. Er kontrolliert mich mehrmals täglich, indem er immer mal vorbeischaut oder anruft. Er korrigiert meine Briefe und Vorlagen kritischer als mein Deutschlehrer damals in der Schule. Immer wieder tritt er in meinem Büro von hinten an mich heran und schaut mir über die Schulter bei der Arbeit zu. Er denkt sich nichts dabei, Mappen, die auf meinem Schreibtisch liegen, ungefragt an sich zu nehmen, sie durchzublättern und sie mir mit entsprechenden kritischen Kommentaren zurückzugeben. Das macht er übrigens nicht nur mit mir so, sondern auch mit allen anderen Kolleginnen und Kollegen. Wir haben alle miteinander das Gefühl, er hält uns für die letzten Deppen und er allein weiß, was Sache ist. In den Besprechungen redet nur einer, und das ist er. Bei eventueller Kritik bleibt er zwar freundlich, deckt aber dann den anderen in stundenlangem Vortrag mit Begründungen und grundsätzlichen Ausführungen zu, die letztlich immer in den Akt einer gönnerhaften Belehrung münden à la ›Was wärt ihr denn ohne mich. Schaut her, was ich alles weiß und wie weit ich euch voraus bin‹.« Hat dieser Vorgesetzte noch alle Latten am Zaun? Gewiss, er hat lediglich ein Problem.

Die Art, wie wir unser Leben meistern, hängt zuallererst von der Art ab, wie wir mit uns selbst umgehen. Leute, die selbst unsicher sind, erkennen Sie daran, dass sie

- nicht wissen, was sie wollen,
- die Erwartungen anderer übermäßig erfüllen,
- entscheidungslos vor sich hinleben,
- anderen und sich nur wenig vertrauen,
- anderen aus dem Weg gehen,
- wenig Interesse an Kontakt und Austausch zeigen.

Vor allem aber zeigt sich Selbstunsicherheit in verschiedenen Ängsten. Angst

- davor, sich zu blamieren,
- vor Tadel und Kritik,
- zu versagen,
- vor Neuem und Unbekanntem,
- seine eigene Meinung zu sagen,
- seine Gefühle zu zeigen (sind Männer deshalb so gefühlsarm?),
- vor Ablehnung.

Oft sind diese Ängste unrealistisch und völlig unbegründet. Sie führen jedoch ganz unabhängig von ihrer Angemessenheit zu einem Verhalten, mit dem der Vorgesetzte versucht, die angstauslösende Situation zu vermeiden, oder wenn das unmöglich ist, die Angst zu kompensieren. Dafür gibt es drei Strategien oder Stile.

Stil I: Der Selbstdarsteller

Selbstunsicherheit wird als Mangel empfunden. Da niemand gerne unsicher ist, versuchen wir, den Mangel auszugleichen. Ich fühle mich minderwertig und möchte dies nach außen kompensieren, indem ich mich künstlich größer mache, mich ziemlich wichtig nehme und andere ständig klein halte. Wer andere klein macht, wird selbst groß.

Ich nenne diesen Menschentyp den Selbstdarsteller. Er macht sich größer und wirkt nach außen hin sehr selbstbewusst. So, wie Margit Singer ihren Chef schildert. Innerlich hat er jedoch große Angst, dass andere besser sein könnten als er oder merken könnten, wie klein er sich fühlt. Deshalb tut er so groß und spioniert allen hinterher. Er muss die ersten Anzeichen von Größe sofort im Keim ersticken. Der Selbstdarsteller hat verschiedene Techniken, um sich selbst in Szene zu setzen. Er kann ein penetranter Rechthaber sein wie Margit Singers Chef. Er kann aber auch als geistreicher Entertainer auftreten. Er behält seine gewinnende Laune jedoch nur so lange, wie er es ist, der die Witze erzählt.

»Der Schwache, nicht der Starke, greift an, um andere Menschen kleinzukriegen, um endlich einmal selber als strahlender Erfolgsmensch dazustehen. Damit der ersehnte Sieg auf keinen Fall gefährdet ist, braucht er dazu einen schwachen Gegner. Sich mit selbstbewussten, ruhigen und gelassenen Gegnern zu messen, ist den meisten Verunsicherten viel zu heikel.«

Elna Utermöhle

Der Selbstdarsteller kann auch den Welterfahrenen spielen. Wenn Sie ihm von Ihrer Reise nach Portugal berichten, wird er Sie belehren, wo überall in der Welt es schöner sei. Die implizite Botschaft ist: »Hört her, wo ich schon überall war!« Doch am häufigsten lebt er, wie Margit Singers Chef, die Strategien des Besserwissers (»Hört her, wie schlau ich bin«) und die des Kritikers (»Das wäre mir nie passiert!«). Generell hält er nicht viel von seinem Gegenüber. Dies zeigt er auf die unterschiedlichste Weise. Kritik lässt er nicht an sich heran, sondern geht sofort in die Verteidigung. Das praktiziert Margit Singers Chef sehr anschaulich, indem er selbst kleinste Anregungen sofort in stundenlangen Grundsatzreferaten erstickt. Schuld sind immer die anderen. Deshalb setzt der Selbstdarsteller selbst die Kritik als Hauptinstrument ein. Es versteht sich von selbst, dass nur er kritisieren darf. Dabei sucht er Schuldige, nicht Fehler.

Die Selbstdarstellung ist ein möglicher Stil, mangelndes Selbstwertgefühl zu kompensieren. Es gibt noch zwei andere.

Stil II: Der Anteillose

Peter Weißgerber hat einen Chef, der sich aus allem raushält. »Er wirkt ziemlich kühl, ja abweisend auf mich. Also mit dem würde ich nie im Leben persönliche Angelegenheiten besprechen. Ehrlich gesagt, weiß niemand in der Abteilung, ob er überhaupt noch verheiratet ist. Das kommt auch daher, dass er fast nur noch über Hausmitteilungen mit uns spricht. Da stehen dann zwei, drei Sätze drauf, die jeder vernünftige Mensch direkt oder zumindest per Telefon gesagt hätte. Wenn eine Kollegin oder ein Kollege mal einen schlechten Tag hat, dann geht er da rücksichtslos drüber weg. Vor Kurzem entschuldigte eine Kollegin ihr Zuspätkommen mit der Erkrankung ihrer jüngsten Tochter. Der Chef sagte: ›Das interessiert mich nicht. Seien Sie künftig pünktlich.‹ Wir waren schockiert. Was für ein kaltschnäuziger Kerl!«

Ist dieser Chef wirklich ein kaltschnäuziger Kerl? Er wirkt zumindest so. Dabei ist er eher ein armer Tropf. Denn er hat eine große, tief sitzende Angst vor Zurückweisung und geht deshalb allen Kontakten aus dem Weg. Er hält sich selbst für uninteressant und unwichtig. Er würde niemals auf die Idee kommen, in einer fröhlichen Runde einen Witz zu erzählen. Er hält lieber Abstand zu anderen, von denen er übrigens nicht viel hält.

Seine Arbeit kann der Anteillose auf drei verschiedene Arten erledigen. Entweder er rationalisiert alles, lässt sich als Person und andere Personen außen vor, sieht nur die Arbeit, wirkt fast wie ein Arbeitsroboter und verbannt alle Gefühle aus dem zwischenmenschlichen Kontakt. Oder er vermeidet den gefürchteten Kontakt, indem er die Taktik der Ablenkung benutzt. Nach außen ist er immer fröhlich, aber oberflächlich. Sobald aber Gefühle ins Spiel kommen, wechselt er das Thema. Als dritte Taktik kann der Anteillose einfach allem Unangenehmen aus dem Weg gehen. Lieber schluckt er jeden Ärger runter, als zu sagen, was ihm wichtig ist. Er zieht sich in seine Innenwelt zurück und überlässt die Außenwelt den anderen. Ganz anders verhält sich der nächste Typ.

Stil III: Der Selbstlose

Eine Teilnehmerin erzählte von ihrem Chef, dass dieser »absolut nichts mehr durchlässt. Er glaubt, das packen wir nicht. Er hält jede Bedrohung von uns fern, leider auch jede spannende Aufgabe. Er glaubt, uns vor allem und jedem beschützen zu müssen. Deshalb nimmt er sich auch viel Arbeit fürs Wochenende mit. Dabei ist er ständig am Rande eines Zusammenbruchs. Und weil das alle sehen, spricht ihn auch keiner darauf an. Wir haben den Eindruck, in einem Asyl für geistig Labile zu sein und an Unterforderung zu ersticken.«

Dieser Chef lebt die Strategie der Selbstlosigkeit. Während der Selbstdarsteller sich größer macht, um nicht eins auf den Deckel zu bekommen, macht sich der Selbstlose kleiner. Er nimmt sich ganz zurück und tut alles, um es den anderen recht zu machen. Hierbei negiert er auch seine eigenen Bedürfnisse. Zum Teil nimmt er sie schon gar nicht mehr wahr, sondern hört nur noch auf das, was andere brauchen. Er vernachlässigt seine Erholung darüber und verausgabt sich dabei total. Deshalb ist der eben geschilderte Vorgesetzte auch kurz vor dem Burnout.

Der Selbstlose hat verschiedene Taktiken. Da gibt es den Ja-Sager, der grundsätzlich seinem Gegenüber recht gibt, über dessen Witze lacht, dessen Fachwissen bestaunt … Das geht bis zur offenen Anbetung: »So wie du wäre ich auch gerne mal.« Er schmeichelt und bestätigt andere permanent. Am häufigsten unter den Selbstlosen ist der Helfer. Er unterstützt andere, wo immer nur möglich. Mir hat einmal ein Teilnehmer, ein sehr fähiger IT-Spezialist, erzählt, dass er zu seiner eigentlichen Arbeit immer erst kommt, wenn die anderen nach Hause gehen. Bis dahin wird er immer von den anderen gebeten, ihnen bei irgendetwas zu helfen. Dies berichtete der IT-Spezialist mit regelrechtem Stolz.

Oft tritt der Selbstlose auch als Beschwichtiger auf. Bei

Streitigkeiten wird er nicht seine eigene Meinung einbringen, sondern zwischen den Parteien vermitteln. Wird der Selbstlose kritisiert, wird er diese Kritik vorbehaltlos bestätigen. Oft neigt er zu überzogener Selbstkritik und dramatisiert jedes eigene Missgeschick. Statt andere zu kritisieren, sucht er die Fehler ständig bei sich selbst – und findet sie auch.

Wie voll ist Ihr Topf?

Selbstdarstellung, Anteillosigkeit und Selbstlosigkeit – drei wenig attraktive Stile, mit denen Vorgesetzte versuchen, mangelndes Selbstwertgefühl zu kompensieren. Nur Vorgesetzte? Nein, wir alle tun das. Erinnern Sie sich an die Frage 6 der Problemdiagnose? Sie hieß: Wie stabil ist Ihr Selbstwertgefühl in der konkreten Problemsituation? Wir alle haben einen bevorzugten Stil, den wir praktizieren, wenn wir mal nicht so gut drauf sind. Vielleicht ändert sich der Stil über die Zeit und in verschiedenen Situationen. Aber wenn wir nicht gut drauf sind, versuchen wir immer, unsere Streicheleinheiten zu holen (Stil III), uns über andere zu erheben (Stil I) oder das, was uns runterzieht, einfach zu vermeiden (Stil II).

Die US-Familientherapeutin Virginia Satir vergleicht das Selbstwertgefühl mit einem Topf. Mit dieser Metapher lassen sich die Schwankungen illustrieren, denen unser Selbstwertgefühl im Laufe des Tages ausgesetzt ist. So ein Topf kann eben noch randvoll gewesen sein. Aber durch ein Missgeschick, Vorhaltungen des Chefs oder Vorwürfe vom Partner kann er binnen Minuten geleert werden. Nicht jeder von uns erlebt das extreme Wechselbad der Gefühle zwischen himmelhoch jauchzend und zu Tode betrübt. Aber moderate Schwankungen kennen wir, glaube ich, alle.

Was machen wir, wenn sich unser Topf leert? Wir nehmen Zuflucht zu der einen oder anderen Strategie. Wir machen uns kleiner oder größer oder ziehen uns zurück. Welche Strategie wir wählen, haben wir meist in jungen Jahren gelernt. Häufig geschah das über das Modell unserer Eltern. Welchen Stil bevorzugen Sie, wenn Ihr Topf leer ist? Wie sieht das konkret aus und wie hört sich das konkret an? Kann es sein, dass hier eine Ursache des Problems mit Ihrem Chef liegt? Wie würde es sich auswirken, wenn Sie mit einem vollen Topf kommunizieren? Ungefähr so:

Stil IV: Der Partner

Eine Projektleiterin erzählte mir, dass ihr Chef Stil II pflegt: Er schiebt Entscheidungen auf die lange Bank. Dadurch verzögern sich die Projekte ständig unnötig. Viele Projektleiter schimpften auf »den Bremser da oben« (Stil I), litten resigniert (Stil II) oder nahmen den »vielbeschäftigten Mann« sogar noch in Schutz (Stil III). »Das half alles nicht«, sagt die Projektleiterin, »die Projekte verzögerten sich nach wie vor.« Bis sie eines Tages in sein Büro ging und weder schimpfte noch kuschte, noch beschönigte, sondern ganz einfach sagte: »Ich weiß, dass Sie viel zu tun haben. Aber ich hänge total in der Luft. Könnten Sie nicht diese Sache entscheiden? Dann könnten wir den Endtermin noch schaffen.« Der Chef sah sie etwas genervt an, sagte dann aber: »Also gut, wenn wir die Chance haben, pünktlich abzuliefern, dann geben Sie mal die Unterlagen her.«

Bei diesem Stil machen wir uns und andere nicht größer oder kleiner, als wir sind. Wir reden nicht von oben herab oder von unten hinauf oder isolieren uns. Wir kommunizieren stattdessen auf derselben partnerschaftlichen Ebene miteinander. So, wie wir uns das Verhältnis zum Chef eigentlich vorstellen. Daran sieht man auch, woher das Chefproblem kommen kann.

Wenn entweder Ihr Topf oder der Topf des Chefs leer ist, dann machen die Kompensationsstrategien die Beziehung kaputt. Einer macht sich immer kleiner oder größer, als er eigentlich ist und die Beziehung es verträgt. Und da heutzutage Selbstsicherheit ein äußerst seltenes Phänomen ist, sind wir alle fast ständig dabei, mit einer der drei Strategien unseren Topf zu füllen. Wir leben in gestörten Beziehungen. Das liegt nicht allein am Chef – zu einem Problem gehören immer zwei. Solange Sie selbst nicht den partnerschaftlichen Kommunikationsstil verwenden, können Sie Ihren Anteil am Problem nicht lösen.

Ich habe einmal einen Seminarteilnehmer erlebt, der kein gutes Haar an seinem Chef ließ. Egal, was der Chef machte, der Teilnehmer wusste es besser. Nun könnte man denken, dass der Chef tatsächlich inkompetent war. Da aber alle anderen seiner Kolleginnen recht gut mit dem Chef auskamen, liegt der Verdacht nahe, dass der Teilnehmer mit der Selbstdarsteller-Strategie seinen Topf auffüllte. Krass gesagt: Selbst der tollste, beste und liebste Chef ist einem Mitarbeiter nicht gut genug, der die Selbstdarsteller-Strategie verwendet. Diesem Mitarbeiter ist nicht damit geholfen, wenn sein »böser« Chef sich ändert. Im Gegenteil, der Chef ist ja offensichtlich schon ganz in Ordnung. Dieser Mitarbeiter kann sich nur helfen, indem er sich selbst zum Partner-Stil bringt. Aber dazu braucht er andere Strategien, um seinen Topf zu füllen.

Everything 's going my way

»Oh what a wonderful morning, oh what a wonderful day. I got the wonderful feeling everything 's going my way«, singt der Held des Musicals »Oklahoma«. Ein optimistisches Kerlchen, nicht? Unterschätzen Sie niemals die Wirkung der beiden Problemursachen Glaubenssätze und Selbstbild. Tatsächlich ist es nahezu unmöglich, sie zu überschätzen. »Er ist so, wie er in seinem Herzen denkt«, steht schon in der Bibel. Und das erleben wir täglich.

Denken Sie nur an die Leute in Ihrem Bekanntenkreis, die sich zurzeit bewerben. Oder an Ihre eigene Bewerbungszeit. Wie verkrampft man/frau da ist. Wie ängstlich, blockiert und gehemmt. Welche strategischen Spielchen man treibt. Entweder man macht sich größer, als man ist: »Ich bin der Allerbeste für den Job.« Oder man macht sich kleiner: »Bittebittebitte, geben Sie mir den Job, ich brauche den Job, ich kann nicht leben ohne den Job.« Was kommt dabei heraus? Ein Krampf, sagen die Bayern. Man wirkt gehemmt, bemüht, nervös und verkrampft. Das merkt natürlich der Interviewer: Der Bewerber hat ja überhaupt kein Selbstbewusstsein! Kein Wunder, denn er pflegt den Glaubenssatz: »Mich will eh keiner!«

Und wie interessant, geistreich, überzeugend, selbstbewusst, kompetent und kommunikativ treten dieselben Bewerber plötzlich auf, wenn sie bereits eine Zusage haben, aber ein anderes Bewerbungsgespräch noch schnell mitnehmen. Ebenfalls kein Wunder, denn jetzt ist der Glaubenssatz »Mich will keiner« ja verschwunden. Und plötzlich endet das Interview, das man eigentlich nur noch so angehängt hat, auch mit einer Zusage. Dem Selbstbewussten stehen alle Türen offen. An der Fachkompetenz, dem Können und Wissen des Bewerbers hat sich nichts geändert. Nur an seinen Glaubenssätzen und seinem Selbstwertgefühl.

Dieses Phänomen des plötzlich einsetzenden Selbstbewusstseins kann auch Chefprobleme schlagartig lösen. Irgendwann erreicht jeder Mitarbeiter den Punkt ohne Wiederkehr. Jahrelang hat er geschluckt und den Mund gehalten und den Kolleginnen die Ohren vollgejammert, und eines Tages fasst er sich ein Herz und sagt zum Chef: »So geht das nicht weiter. Wir brauchen endlich eine neue Zwischenlagerhalle.« Nicht selten fällt der Chef aus allen Wolken und sagt: »Mensch, warum haben Sie nicht früher gesagt, dass Ihnen das so wichtig ist?« Seltsam, nicht? Plötzlich ist der Chef kein Scheusal mehr, das die neue Halle eh abschmettern würde. Plötzlich lässt der Chef mit sich reden. Der Chef hat sich geändert! Und warum? Weil der Mitarbeiter sich geändert hat. Chefs sind änderbar! Ein bisschen Selbstvertrauen kann Berge bewegen. Und danach schlägt man die Hände über dem Kopf zusammen, wie einfach es doch war, den Chef zu ändern.

Eine Teilnehmerin erzählte mir von ihrem Chef, einem offensichtlichen Choleriker. Er brüllte häufig so laut und ausdauernd, dass sie rasende Kopfschmerzen davon bekam. Monatelang klagte sie ihrem Partner und den Kolleginnen ihr Leid: »Was soll ich nur machen? Mein Chef ist so ein Scheusal.« Sie sah sich als Opfer und handelte auch so: Sie schwieg und passte sich an. Eines Tages erreichte sie ihren point of no return. Sie sagte, ganz sachlich und ruhig, also in partnerschaftlichem Stil: »Wenn Sie so brüllen, dann bekomme ich wahnsinnige Kopfschmerzen. Ich kann dann nicht mehr arbeiten. So wie jetzt. Ich muss mich erst hinlegen.« Sprach's und ging nach Hause. Ihr Chef hat seither das Brüllen nicht aufgegeben. Aber immer, wenn er in ihrer Gegenwart zu brüllen anfängt, braucht sie jetzt nur noch die Hand an die Stirn zu legen, und er fängt schlagartig zu flüstern an. Tolle Erziehung, nicht? Chefs sind änderbar. Frau muss sich nur zu helfen wissen.

Das Rezept für diese tolle Cheferziehung: Selbstbewusstsein. Wer selbstbewusst ist, kommuniziert mit Stil IV. Vielleicht erreichen Sie damit nicht immer Ihr Ziel. Aber mit den anderen Stilen erreichen Sie Ihr Ziel mit Sicherheit nicht:

- Stil I, Auftrumpfen: Hilft nicht, weil Ihr Chef sich das nicht gefallen lässt und zurückschlägt.

- Stil II, Schmollen: Warum sollte sich Ihr Chef ändern, wenn Sie schmollend schweigen und ihm nicht sagen, was Sie von ihm erwarten?
- Stil III, Anpassen: Wer sich anpasst, ändert nichts.

Wer sich selbstbewusst verhält, ändert seinen Chef. So wie Sie auftreten, wird man Ihnen begegnen. In »Charade« sagt Audrey Hepburn zu Gary Grant: »Hören Sie endlich auf, mich wie ein kleines Kind zu behandeln.« Darauf er: »Hören Sie endlich auf, sich wie eines zu benehmen.« Das ist des Pudels Kern.

Wie gesagt, nichts außer Selbstbewusstsein kann Ihren Chef ändern. Alle anderen Strategien versagen unter Garantie. Stil IV hat wenigstens eine realistische Erfolgsaussicht. Doch selbst wenn Sie Ihr Bestes geben und Ihr Chef nicht zu ändern ist – das soll es geben –, ist noch nicht aller Tage Abend. Gehen Sie die Ursachen-Pyramide eine Stufe tiefer, auf die Ebene Ihrer Glaubenssätze. Was haben Sie im Kapitel »P – wie Problemdiagnose«, S. 38, bei Frage 2 aufgeschrieben? Was sagen Sie sich innerlich in einer konkreten Problemsituation? Etwa: »Mein Chef ist eben ein selten dämlicher Kerl.« Ein Glaubenssatz, der Ihnen das Leben unnötig schwermacht. Er bewirkt nämlich, dass Sie sich ärgern. Vergleichen Sie das mit Ihrer Antwort auf Frage 3 im selben Kapitel. Kommt hin, oder?

Ich habe einen Glaubenssatz, der mir in Situationen mit Scheusalen besser hilft. Wenn mir so ein vorgesetztes Scheusal begegnet, dann denke ich: »Wer sich so aufführt, hat offensichtlich ein ernstes Problem. Er hat ein Problem, nicht ich. Wie der sich wieder aufführt! Gott, bin ich froh, dass ich nicht seine Mutter bin. Sonst müsste ich mich ja für ihn schämen. Aber Gott sei Dank bin ich nicht seine Mutter.« Manchmal muss ich mir dann sogar ein Grinsen verkneifen. Glaubenssätze ändern die Welt. Nämlich immer die eigene. Und oft genug die des anderen auch. Denn häufig finden es Scheusale gar nicht lustig, wenn der andere sich nicht mehr so schön ärgert, und lassen von einem ab.

Sie können das Problem mit Ihrem Chef mildern oder beseitigen, indem Sie Ihre Bumerang-Glaubenssätze auswechseln und indem Sie in Stil IV kommunizieren. Den partnerschaftlichen Kommunikationsstil können wir aber nur dann durchhalten, wenn wir mit uns völlig im Reinen sind. Das heißt, wenn wir uns selbst so akzeptieren, wie wir sind. Ein hoher Anspruch, aber eine reizvolle Aufgabe. Denn damit erledigt sich nicht nur das Problem mit Ihrem Chef. Was würde sich noch alles ändern, wenn Ihr Topf jederzeit gut gefüllt wäre? Wie können Sie Ihren Topf füllen, ohne eine der drei Bumerang-Strategien zu verwenden? Das schauen wir uns im Kapitel »Gesundes Selbstvertrauen«, S. 178 ff., gemeinsam an. Und wie kommuniziert Ihr Chef, wenn er nicht gut drauf ist, wenn auch sein Topf leer ist? Wie würde Ihr Chef mit vollem Topf kommunizieren? Was können Sie tun, um den Topf mit anzufüllen oder zumindest ihn nicht noch weiter zu leeren? Auch das sehen wir uns später genauer an. Denn bevor Sie wild entschlossen zur Tat schreiten, sollten wir uns noch etwas darüber unterhalten, wohin Sie eigentlich wollen. Was genau wollen Sie an Ihrem Vorgesetzten verändern? Was ist denn nun Ihr konkretes Ziel?

»Wer jammert, hat kein Ziel.«

TOM OSBORN

»Gib mir einen festen Punkt im Weltall und ich bewege die Erde.«

ARCHIMEDES

»Nothing changes, 'til it changes in me.«

BOB SEGER

S – wie Smarte Ziele

Wohin wollen Sie?

»Wer nicht weiß, wohin er will, landet meist dort, wo er nicht hinwollte«, sagt das Sprichwort. Wissen Sie, was Sie wollen? Klar doch, den idealen Chef. Würden Sie sagen, dass dieses Ziel so klar ist, dass Sie es stehenden Fußes umsetzen können?

Wenn Sie sich vor Ihren PC hinstellen und laut sagen: »Druck mir diese Datei aus«, tut er's dann? Nein, denn dieses Ziel ist in dieser Form für Ihren PC unverständlich (es sei denn, Sie haben einen PC mit Voice-Control-Software). Auch Ihr Kopf hat eine eigene »Computersprache«. Geben

Sie Ihrem Kopf jetzt einfach mal das Ziel, nicht an Ihren PC zu denken. Na? Hat's funktioniert? Mit hoher Wahrscheinlichkeit nicht. Denn Nicht-Ziele nimmt unser Gehirn nicht entgegen. Im Laufe der Evolution wurde für Nicht-Ziele einfach keine Software geschrieben. An diesem Beispiel sehen wir: Je besser wir die Computersprache unseres Gehirns kennen, desto bessere Ergebnisse erzielen wir mit ihm. So gibt es neben den Nicht-Zielen einige andere Kriterien für eine erfolgreiche Zielformulierung. Je besser Sie diese Kriterien umsetzen können, desto sicherer erreichen Sie Ihre Ziele. Dazu ein kleines Experiment.

Ein kleines Experiment

Lesen Sie erst den Ablauf des Experiments in diesem Abschnitt durch, stehen Sie dann auf und machen Sie das Experiment. Sie werden vom Ergebnis erstaunt sein. Also, erst lesen, dann tun. Stellen Sie sich so in den Raum, dass Sie Bewegungsfreiheit haben und den rechten Arm waagerecht gestreckt um sich herumführen können. Dann starten Sie, indem Sie den rechten Arm schulterhoch nach vorne anheben bis zur Waagerechte und dann so weit wie möglich nach rechts hinten drehen. Achten Sie darauf, dass Ihre Füße am Platz und Ihre Schultern möglichst auf einer fixen Linie bleiben. Merken Sie sich jetzt genau, wie weit Sie Ihren Arm ausschwenken konnten. Prägen Sie sich dazu die Projektion Ihres Zeigefingers auf einen markanten Punkt an der Wand oder draußen vor dem Fenster ein. Jetzt senken Sie den Arm wieder und machen mental weiter. Stellen Sie sich vor, wie Sie den Arm wieder heben, wie Sie ihn um sich herumführen und wie sich dabei Ihre Muskulatur dehnt. Am besten schließen Sie die Augen dabei, um besser mit Ihren inneren Bildern arbeiten zu können. Führen Sie diese gedankliche Übung dann in Ihrem eigenen Tempo ungefähr zehnmal durch. Danach öffnen Sie die Augen und schwenken Ihren Arm jetzt wieder tatsächlich nach hinten. Achten Sie darauf, wie weit Sie dieses Mal kommen. Okay, Sie haben die Abfolge gelesen. Jetzt stehen Sie auf und machen das kleine Experiment selbst.

Das Geheimnis des mentalen Trainings

Was ist passiert? Beim zweiten Mal der physischen Ausführung kamen Sie sehr viel weiter als beim ersten Mal. Und das kann man nicht allein damit erklären, dass beim zweiten Mal alles leichter geht. Das können Sie, wenn Sie's genau nehmen wollen, mit einem Kontrollexperiment nachweisen. Nehmen Sie einfach den linken Arm und führen Sie ihn zweimal nach hinten. Die Verbesserung zwischen dem ersten und dem zweiten Mal ist nur ein Bruchteil dessen, was Sie mit Ihrem mentalen Training des rechten Arms herausholten.

Sportler aller Leistungsklassen trainieren so. Wenn Sie Alpin-Ski-Fan sind, dann sehen Sie die Weltelite der Fahrer vor dem Start mit geschlossenen Augen einsam im Hang stehen, wie sie seltsame Bewegungen mit den Händen ausführen. Sie gehen geistig die Strecke durch. Sie kennen jedes Tor auswendig. Wenn sie dann tatsächlich das Tor passieren, sind sie es geistig schon dutzendmal gefahren. Die Trainer der NBA, der milliardenschweren US-Basketball-Liga, haben ein rein finanzielles Interesse daran, aus ihren Spielern das Maximum herauszuholen. Deshalb trainieren sie längst auch den Kopf mit. Ein Forscherteam fand heraus, dass Strafwurf-Werfer, die regelmäßig ihre Strafwürfe mental trainieren, eine fast doppelt so hohe Trefferquote haben. Das ist beinahe schon wettbewerbsverzerrend, denn in dieser Branche kann ein einziger Wurf Millionen und die Arbeitsplätze von Hunderten Helfern im Hintergrund kosten oder bringen. So wertvoll kann ein gut funktionierender Kopf sein. Wenn er so benutzt wird, wie die Konstruktionsanleitung es vorsieht.

s.m.a.r.t.

Unser kleines Experiment hat Ihnen gezeigt – wenn Sie das nicht vorher schon wussten –, wie wichtig die Art und Weise ist, wie Sie sich Ihre Ziele setzen. Wir alle kennen Ziele, die wir uns einmal gesetzt und niemals erreicht haben. Sprichwörtlich dafür sind die guten Vorsätze zu Silvester. Man nennt sie auch fromme Wünsche. Sie kennen aber auch Ziele, die Sie sich gesteckt und dann prompt erreicht haben.

Vielleicht mit Mühe und auf Umwegen, aber Sie haben sie erreicht. Ihren Führerschein zum Beispiel. Das heißt nun nicht, dass es erreichbare und unerreichbare Ziele gibt. Es heißt vielmehr, dass die Weise, wie wir Ziele formulieren und innerlich daran denken, schon darüber entscheidet, ob wir sie erreichen oder nicht.

Platt gesagt: Smarte Ziele werden erreicht. Wobei jeder Buchstabe des Wortes »smart« für eine Anforderung an die Zielformulierung steht:

s – wie selbstinitiierbar. »Ich möchte, dass mein Chef verständnisvoll und einfühlsam mit mir spricht« ist zwar ein schönes Ziel, aber Sie werden es kaum erreichen, denn das Ziel hängt voll von Ihrem Chef ab. »Ich rede mit meinem Chef darüber, wie wichtig es für mich ist, dass er Verständnis für meine Arbeitsbedingungen zeigt« ist praktisch das gleiche Ziel. Es zielt auf denselben Wunschzustand. Aber Sie werden es eher erreichen, weil Sie es voll in der Hand haben, mit Ihrem Chef zu sprechen.

s – wie sinnesspezifisch formuliert. Hatten Sie auch schon mal das Erlebnis, dass Sie genau wussten, was im nächsten Augenblick passiert? »Ich sah den Ball schon im Netz zappeln«, sagte Rudi Völler, einer der erfolgreichsten deutschen Stürmer. Und dann zappelte er auch. Denken Sie an das kleine Experiment zurück. Sie haben sich vorgestellt, wie Sie den Arm nach hinten bewegen. Wenn Sie sich genau vorstellen können, was Sie gerade tun, fühlen, denken, riechen und sehen, wenn das Ziel erreicht ist, ist das Ziel schon halb erreicht. Sie machen das übrigens täglich. Wenn Sie sich eine Stulle streichen, dann stellen Sie sich vorher vor, wie Sie sie essen. Sonst wüssten Sie ja nicht, worauf Sie gerade Lust haben. Aber das passiert vollautomatisch und unbewusst. Der einzige Unterschied zwischen einem idealen Chef und einer Stulle liegt darin, dass Sie beim einen bewusst das tun, was Sie beim anderen unbewusst visualisieren.

m – wie messbar. Messbar war das Ergebnis unseres kleinen Experimentes. Das ist übrigens ein Erfolgsgeheimnis von erfolgreichen Leuten aus allen Branchen und Lebensbereichen. Sie freuen sich über das Besserwerden und bauen stetig darauf auf. Das geht allerdings nur, wenn der Erfolg sichtbar, unterscheidbar, messbar ist. Wenn ich nicht merke, wie ich besser werde, kann mich dies auch nicht motivieren weiterzumachen. Je konkreter ein Ziel, desto besser messbar ist es.

a – wie als ob jetzt. Vergleichen Sie mal das Ziel »Ich werde Ungerechtigkeiten ansprechen« mit dem Ziel »Ich spreche Ungerechtigkeiten an«. Das eine ist Futur, das andere Präsens. Sie reden so, als ob Sie es jetzt gerade tun. Das hat eine viel höhere Aktivierungsenergie, als wenn Sie über ein ungewisses Ereignis in der Zukunft sprechen. Was aber ist, wenn Sie sich dieses Ziel eigentlich nicht zutrauen?

r – wie realistisch. Wenn Sie furchtbar schüchtern sind, dann ist das erst einmal keine Schande. Manfred Krug ist schrecklich schüchtern, und schauen Sie, wie weit er's gebracht hat.

Sie sollten sich dann lediglich keine Ziele wie El Cid setzen: »Ich spreche Ungerechtigkeiten an.« Geht's nicht auch 'ne Nummer kleiner? Was nützt ein Ziel, wenn es nicht realistisch ist? Keiner kennt Sie so gut wie Sie sich selbst. Sie wissen selbst, was Sie draufhaben, was Sie sich zutrauen können. Also wählen Sie – besonders für den ersten Versuch – ein Ziel, das erreichbar ist. Sonst geben Sie frustriert auf, noch bevor Sie richtig angefangen haben.

t – wie total positiv. Das kennen Sie schon. Nicht-Ziele funktionieren nicht. »Ich rauche nicht mehr« führt dazu, dass Sie den ganzen Tag ans Rauchen (das Nichtstun wird herausgefiltert) denken. Deshalb schlagen so viele Rauchentwöhnversuche fehl. Man denkt ja an nichts anderes. Prompt steckt man sich früher oder später doch wieder eine an. Denken Sie an unser kleines Experiment. Negativ formuliert hätte das geheißen: »Ich halte meinen Arm nicht still.« Das ist offensichtlicher Unfug, nicht? Das ergibt kein inneres Bild. Ziele müssen total positiv formuliert sein, sonst funktioniert das Zielerreichungsprogramm in unserem Kopf nicht.

t – wie Timing. »Ich spreche Ungerechtigkeiten an.« Schön, aber wann? In 100 Jahren? Sie kennen das vielleicht aus Teamsitzungen. Wenn man nicht sagt, bis wann eine Arbeit fertig sein muss, bleibt sie ewig liegen. Also formulieren Sie auch, wann Sie das tun wollen, was Sie tun wollen.

Formulieren Sie Ihr Ziel

Sie haben gesehen, wie Sie Ihre Vorsätze so formulieren können, dass aus frommen Wünschen Ziele mit maximaler Eintrittswahrscheinlichkeit werden. Legen Sie gleich los. Nehmen Sie Ihren Wunschzettel aus dem Kapitel »Was macht tolle Chefs so toll?«, S. 19 ff., und schauen Sie, wo Ihr Vorgesetzter Verbesserungspotenziale hat in Bezug auf Sicherheit, Anerkennung oder Freiraum. Oder nehmen Sie sich eine der von Ihnen identifizierten Problemursachen aus dem Umfeld, aus Ihren Glaubenssätzen oder Ihrem Selbstwertgefühl vor. Leiten Sie daraus Ihr Ziel ab und machen Sie es zu einem s.m.a.r.t.en Ziel:

____

____

____

____

____

Was soll in nächster Zeit passieren?

s: Was davon liegt in Ihrer Hand? Sie sehen, wie nützlich Ihre Problemdiagnose (aus dem Kapitel »P – wie Problemdiagnose«, S. 33 ff.) jetzt wird. Denn für eine sinnesspezifische Zielformulierung müssen Sie jetzt auch die Fragen beantworten: Was sagen Sie im Zielmoment innerlich zu sich selbst? Was fühlen Sie dabei?

m: Woran erkennen Sie, dass Sie Ihr Ziel erreicht haben? Woran können andere erkennen, dass Sie Ihr Ziel erreicht haben?

a: Stellen Sie sich vor, wie Sie jetzt gerade das tun, was Sie tun wollen.
r: Halten Sie das für erreichbar?
t: Wann genau werden Sie es tun? Ist Ihre Zielvorstellung auch hundertprozentig positiv formuliert?

Und um noch einmal auf die Problemanalyse zurückzugreifen: Unter welchem Filmtitel wollen Sie Ihr Zielvorhaben abspeichern? Notieren Sie ihn:

____

____

Die s.m.a.r.t.-Technik ist ein interessantes Hilfsmittel. Je besser Sie sie beherrschen, desto leichter erreichen Sie Ihre Ziele. Betrachten Sie als kleine »Fingerübung« einfach einige Ziele, die Sie sich vorgenommen, aber nicht erreicht haben:

- abnehmen,
- mit dem Rauchen aufhören,
- täglich eine Stunde joggen,
- mehr Zeit mit den Kindern verbringen,
- nicht mehr so viel arbeiten,
- endlich mal wieder etwas mit dem Partner unternehmen,
- oder was Ihnen sonst so einfällt.

Woran lag es? An welchen Buchstaben hat's gemangelt? War das Ziel nicht r genug? Zu wenig t? Die s.m.a.r.t.-Technik beschert viele schöne Aha-Erlebnisse à la: »Menschenskind, jetzt ist mir klar, weshalb das bislang nicht funktionierte.«

Hektik, Zweifel, Ängste, Rückschläge

Wenn Sie klug sind, probieren Sie Ihre neue Technik nicht gleich am Chef aus. Wenn Sie zum ersten Mal gegen einen Fußball getreten haben, ist es kaum sinnvoll, sich gleich für die nächste Bundesliga-Talentsichtung anzumelden. Erst sollten Sie noch ein wenig üben. Wenn Sie einige Versuche unternommen haben, werden Sie eine interessante Feststellung machen: Sie erreichen viele Ziele viel leichter und vor allem sicherer als vorher. Einige andere Vorhaben funktionieren jedoch noch immer nicht, obwohl sie s.m.a.r.t. formuliert sind. Woran mag das liegen?

Inzwischen kennen Sie sich in der Detektivarbeit aus: Erst einmal die Zusammenhänge klären. Also P – wie Problemdiagnose (s. o.). Wann, wie und wo trat das Problem mit der Zielerreichung auf? Welche Phänomene begleiteten es? Wie fühlten Sie sich dabei? Sehr häufig werden Sie auf vier Phänomene stoßen: Hektik, Zweifel, Ängste und Rückschläge.

Hektik

Die Tageshektik vereitelt viele Ziele. Wir kommen mit einem festen Vorsatz zur Arbeit – und dann überrollt uns das Tagesgeschäft wie eine Lawine. Die Kunden zetern, der Vorgesetzte meckert, Pannen passieren, und jetzt müssen wir auch noch für eine erkrankte Kollegin einspringen! Na, vielleicht wird es morgen besser. Aber morgen ist wie gestern, und so versinkt Tag um Tag in der üblichen Hektik. Wir möchten ja schon, aber man kommt einfach nicht dazu!

Vielleicht haben Sie sich vorgenommen, endlich ein klärendes Gespräch mit Ihrem Chef zu führen, doch seit Wochen finden Sie nicht den richtigen Zeitpunkt. Das Tagesgeschäft frisst Sie buchstäblich auf und Sie verlieren Ihr Ziel aus den Augen. Das Ziel ist zwar wichtig, aber wir wissen ja, wies läuft: Das Dringende verdrängt das Wichtige. Kann man nichts machen. Ach ja?

Erinnern Sie sich noch daran, als Sie mal aus voller Überzeugung »Nein« sagten? Vielleicht wollte ein Kollege sich bei Ihnen ausheulen und Sie sagten: »Tut mir leid, heute Nachmittag vielleicht, aber jetzt bin ich bis oben zu.« Oder Ihre Tochter wollte einen Zehner fürs Kino und Sie sagten: »Nee, nicht schon wieder.« Erinnern Sie sich, was Sie in diesen Momenten fühlten? Sie wussten genau, was Sie wollten, und nichts konnte Sie davon abbringen. Der Kollege, der sich ausheulen möchte, ist zwar nett und erzählt immer den neuesten Klatsch, aber in diesem Moment war Ihnen Ihre Arbeit einfach wichtiger. Sie haben das fast körperlich gefühlt. Ist es nicht erstaunlich, dass Sie in der schlimmsten Hektik zielsicher bleiben, sobald Sie spüren, was Ihnen wichtig ist? Das ist das Geheimnis des Erfolgs.

Ein Jungmanager klagte mir mal, dass er einfach nicht dazu komme, morgens einen Tagesplan aufzustellen. Schon an der Tür werde er mit Arbeit überfallen. Sobald aber ein Schlüsselkunde bei ihm anruft und über ein Projekt reden will, hat der Jungmanager sogar schon mal seinen Vorgesetzten mit den Worten aus seinem Büro geschickt: »Tut mir leid, in zehn Minuten bin ich bei Ihnen, aber dieser Kunde ist wichtig für uns.« Hat hier das Dringende das Wichtige verdrängt? Nein. Das Dringende verdrängt das Wichtige immer nur dann, wenn wir zwar wissen, was wichtig ist, aber es nicht so recht fühlen. Das erkennt man schon an der Sprache oder an der inneren Stimme, die sagt: »Ich weiß ja, dass das wichtig ist, aber …« Ein Aber gab es nicht, damals, als Sie sich durchsetzten. Weil Sie jenseits jeden Zweifels voll davon überzeugt waren. Aber wie kommen Sie zu dieser Überzeugung jenseits jeden Zweifels?

Auch das wissen Sie eigentlich schon. Erinnern Sie sich an die konkrete Situation. Sie wussten genau, was passiert, wenn Sie sich jetzt ablenken ließen. Und Sie wussten genau, was passiert, wenn Sie bei der Sache bleiben. Sie konnten das Ziel förmlich vor Augen sehen und fühlen, wie Sie sich darauf zubewegen. Und dieses Gefühl fehlt Ihnen bei den Zielen, die von der Tageshektik verdrängt werden. Sie wissen, dass es wichtig ist, aber Sie fühlen es nicht. Sobald Sie fühlen könnten, wie wichtig das Ziel für Sie ist, könnten Sie keine zehn Pferde mehr zurückhalten. Arbeiten Sie an diesem Gefühl.

Nehmen wir an, Ihr Ziel ist das klärende Gespräch mit dem Chef. Sie wissen, es ist wichtig, aber … Ihr Gefühl ist noch soo klein. Das liegt daran, dass Ihr Gefühl noch zu wenig Futter bekam. Geben Sie ihm welches. Zeigen Sie ihm vor dem geistigen Auge, was es bringt, wenn Sie dieses Gespräch mit dem Chef führen. Wie viel Frust Sie damit aus der Welt schaffen können. Wie viel Energie ein klärendes Gespräch freisetzen kann. Sie werden befreiter arbeiten können. Die quälende, gedrückte Atmosphäre verfliegt. Vielleicht stellt sich Ihr Chef ja als ganz vernünftig heraus! Auch er litt unter der Belastung der Beziehung. Auch er ist froh, dass Sie endlich darüber reden. Alles wird gut!

Entweder Sie sind jetzt Feuer und Flamme und machen sofort einen Gesprächstermin aus. Oder Sie sitzen immer noch da und denken: Na und? In beiden Fällen sind Sie weiter. Im ersten Fall ist Ihnen das wichtige Ziel jetzt wirklich wichtig. Im zweiten Fall haben Sie herausgefunden, dass Ihnen das Ziel gar nicht so wichtig ist. Dann stellen Sie das Ziel auf Ihrer Liste erst einmal nach hinten. Die Kosten sind größer als der Nutzen. Also vergessen Sie's fürs Erste einfach.

Zweifel und Ängste

Kennen Sie Hamlet? Das war der Junge, der mit dem Totenkopf in der Hand sinnierte, ob's edler im Gemüt sei, zu handeln oder es bleiben zu lassen.

Sie haben Ihr Ziel überprüft und halten es für realistisch.

Sie haben noch einmal den Nutzen herausgestellt, den Ihnen die Zielerreichung bringen wird. Sie wollen beispielsweise endlich etwas gegen die Wischi-waschi-Anweisungen Ihres Chefs unternehmen. In fast jedem Meeting gibt er Ihnen einen Auftrag – aber zu wenig Informationen, damit Sie den Auftrag sauber durchführen können. Ihr Ziel: So lange konkrete Fragen stellen, bis Sie wissen, was Sie wissen müssen. Sie haben sich Ihr Ziel genau ausgemalt. Bei Ihrer Zielvisualisierung haben Sie genau gesehen und gehört, wie Sie sich nicht länger mit zwei Halbsätzen abspeisen lassen, sondern eisern nachfragen, bis alles klar ist. Doch je näher das nächste Meeting rückt, desto größer werden Ihre Bedenken:

- Ich weiß nicht, ob das so viel bringt!?
- Gott, was werden die Kolleginnen sagen?
- Ich kann doch nicht als Einzige aufmucken!
- Was ist, wenn der Chef sauer wird?

Das sind berechtigte Einwände. Man nennt sie auch Zweifel. Andere nennen es Angst. Angst ist normal. Wer keine hat, lügt, oder wie Joseph Heller sagte: »Manche Leute sind tatsächlich zu dumm, um Angst zu haben.« Angst ist ein Zeichen von Intelligenz. Angst ist keine Schwäche. Wenn Ihre Angst vor Ihrem Chef unüberwindlich groß ist, ist es keine Schande, wenn Sie das erkennen und Ihr Ziel aufgeben. Vielleicht geht es auch eine Nummer kleiner? Macht Ihnen das weniger Angst? Gut, dann beginnen Sie damit. Gibt es kein Ziel, das klein genug für Ihre Angst ist? Dann sollten wir uns einmal näher ansehen, in welchem Film Sie sitzen.

Exkurs: Der Sinn der Angst

Eine Klientin klagte mir, dass sie immer dann mit Migräne ausfalle, wenn ihre Abteilung sie am nötigsten brauche. Ich fragte:

»Wann passiert das immer?«

»Immer dann, wenn wir Riesenstress haben.«

»Hat das nicht auch einen Vorteil?«

»Hm, ich muss den Stress dann nicht mitmachen. Aber so habe ich das noch nie gesehen.«

Die Psychologen reden vom sekundären Krankheitsnutzen. Ich liege zwar mit triefender Nase im Bett, aber gleichzeitig muss ich nicht zur Arbeit. Das ist doch immerhin etwas, oder? Natürlich sind Zweifel und Angst in erster Linie lästig und belastend. Aber was handeln wir uns damit in zweiter Linie ein? Wenn ich bezweifle, dass ein Gespräch mit meinem Chef irgendetwas bringt, wenn ich Angst davor habe – dann muss ich nicht mit ihm reden! Oder wie Watzlawick sagt: »Angst lähmt – und das ist ihr Zweck.«

Warum sehen wir uns lieber gelähmt als aktiv? Ticken wir noch richtig? Nein, nicht ganz. Irgendwo in unserem Kopf sitzt ein kleines Wesen, das uns Sätze einflüstert wie:

- Vergiss es, hat doch eh keinen Wert.
- Das bringe ich einfach nicht.
- Der Chef hört mir ja sowieso nicht zu.
- Wenn's so einfach wäre, würden das ja alle machen.

Das Gemeine daran: Diese innere Stimme ist unterbewusst. Das heißt, wir bemerken es gar nicht, wenn sie uns einflüstert. Es ist eben unbewusst. Das heißt nicht, dass wir solchen Einflüsterungen nicht auf die Spur kommen können. Es ist so wie mit dem Atmen. Wir atmen, ohne es bewusst zu merken. 24 Stunden am Tag. Aber wir können bewusst daran denken, dann merken wir's. Wenn wir die Übung jedoch statt mit dem Atem mit dem Herzschlag machen, kann schon ein Problem auftreten. Sehr viele Menschen spüren ihren Herzschlag nicht. Sie haben das Gespür dafür verloren. Sie müssen sich die Hand an eine Schlagader legen, um das Gefühl wieder zu bekommen. Wenn sie das lange genug tun, spüren sie den Herzschlag dann auch irgendwann ohne Handauflegen. Genau so verhält es sich mit der inneren Stimme. Man muss schon sehr genau hinhören und eine Weile »mit Handauflegen« üben, bevor man sie bewusst bemerkt.

Das, was uns die innere Stimme einflüstert, nennt man Glaubenssätze. Sätze wie: »Schaffe ich nicht.« Meist haben wir solche Sätze von früheren Bezugspersonen übernommen. Mama sagte immer: »Lass das, bist du noch zu klein dafür.« Oder Papa war ein derart herausragender Erfolgsmensch, dass jeder andere neben ihm wie ein blutiger Dilettant aussah. Das ist lange her. Aber weil wir damals sehr beeinflussbar waren und die Beeinflussung so lange anhielt und so intensiv war, kleben die hinderlichen Glaubenssätze immer noch in unserem Gehirn fest. Wir sehen sie nicht bewusst. Wir haben lediglich das Gefühl der Angst oder des Zweifels als direkte emotionale Reaktion auf solche unbewussten Gedanken in unserem Kopf. Wir glauben unbewusst, dass wir ohnehin nichts an einer Situation ändern können. Das macht uns zu Opfern.

Wir müssen die Schikanen des Chefs ertragen, weil wir doch nichts daran ändern können. Und jetzt kommt das Übelste daran: Solche Glaubenssätze werden wahr! Wenn wir glauben, dass man ja sowieso nichts machen kann, machen wir nichts und tatsächlich: Nichts ändert sich! Also ist doch bewiesen: Man kann nichts machen! Die Psychologen nennen das Self-fulfilling Prophecy. Eine Prophezeiung, die sich selbst erfüllt. Dabei ist das nicht so, weil das so ist. Die Glaubenssätze werden vielmehr wahr, weil wir an sie glauben, ob uns das bewusst ist oder nicht.

Deshalb ist es wichtig, dass wir vorhandene Glaubenssätze aufspüren. Erst wenn sie uns bewusst sind, können wir sie auch bewusst umformulieren. Aus dem negativen Satz »Da kann man ja doch nichts machen« kann dann der bewusst gedachte Satz werden: »Darauf, wie ich auf Ereignisse in meinem Leben reagiere, habe ich den größten Einfluss.« Wie man solche Sätze austauscht, sehen wir uns genauer im Kapitel »Was glauben Sie?«, S. 149 ff., an. Gehen Sie also auf Erkundung: Spüren Sie innere Überzeugungen auf, die Sie wie Hosenträger zurückhalten. Werden Sie fündig? Schreiben Sie sie auf:

____

____

Wie wollen Sie sie umformulieren?

____

____

Die paradoxe Intention

Manchmal ist die Angst einfach zu groß. Wir wissen, welcher Glaubenssatz uns lähmt, aber es hilft nichts. Wir sind wie gelähmt. Wir trauen uns einfach nicht an den Chef oder ein anderes Objekt unserer Angst heran. Gibt es nicht einen Trick, wie man die Angst überlisten kann? Es gibt sogar mehrere.

Ein Trick ist besonders hübsch. Viktor Frankl, der berühmte Psychologe, der das KZ überlebte, berichtet von ihm. Der Trick wird auch in der Therapie von Menschen eingesetzt, die stottern. Dabei muss man wissen, dass Stotterer trotz Sprachschwäche nicht unbedingt unglückliche Menschen sind. Unter sich können sie sich oft prima unterhalten. Jeder weiß ja, dass der andere stottert, also was soll's? Es gibt nur eine Situation, in der Menschen, die stottern, völlig die Nerven verlieren können: Wenn sie mit »normalen« Menschen telefonieren müssen.

Wenn sie »normalen« Menschen begegnen, dann kommuniziert sich über Gesten, den äußeren Eindruck und die Mimik fast immer sofort, dass sie stottern. Wenn sie aber telefonieren, kann man sie ja nicht sehen! Deshalb haben sie panische Angst davor, dass der andere nicht erkennt, dass sie stottern, sondern meint, sie seien Spaßvögel oder obszöne Anrufer, und den Hörer wütend auf die Gabel knallt, bevor sie sich verständlich machen können. Die Angst ist oft so schlimm, dass ihre Hände zittern, der Schweiß fließt und sie wie gelähmt vor dem Telefon sitzen. Deshalb sind sie als Beispiel für uns wie geschaffen: So sitzen viele von uns vor ihrem Chef.

Die Psychologen, die mit dem Problem der Stotterer konfrontiert waren, hatten schon alles versucht. Nichts half so richtig. Bis schließlich einer den Vorschlag machte: »Okay, jeder von uns ruft jetzt sechs Leute an. Und wir stottern so lange, bis der andere auflegt.« »Ha!«, riefen die Stotterer, »das haben wir gleich«, und griffen zum Telefonhörer. Natürlich legte so gut wie kein Angerufener auf. Aber das war nicht das Wunderbare an diesem Trick. Das Wunderbare war, dass die Menschen spontan ihre Angst vergaßen, sobald der Auslöser ihrer Angst zum Ziel ihres Handelns gemacht wurde. Deshalb nennt man den Trick auch ***paradoxe Intention:*** Man macht etwas, das man nicht will, zu seiner Absicht, um das zu erreichen, was man will.

Eine Sekretärin sagte mir: »Wenn es wirklich aussichtslos ist, gehe ich trotzdem zum Chef und sage vorher zu meiner Kollegin: ›Ich wette mit dir, dass er ablehnt.‹ Meist verliere ich die Wette. Weil es nicht aussichtslos war, sondern ich das nur fürchtete. Ich zahle meine Wettschulden gerne, denn mit Wette kann ich ohne Angst reingehen. Selbst wenn ich beim Chef verliere, habe ich ja gewonnen!«

Rückschläge

Neben Alltagshektik, Ängsten und Zweifeln sind Rückschläge ein häufiges Phänomen, das Menschen von ihren Zielen abbringen kann.

Die siebenjährige Tochter eines Kollegen informierte den

verdutzten Papa eines schönen Tages, dass sie nicht gedenke, bei Eintritt der Volljährigkeit den Führerschein zu machen.

»Wieso das denn?«, fragte der erstaunte Vater.

»Weil es nicht funktioniert.«

»Was funktioniert nicht?«

»Das Autofahren. Ich habe mich ins Auto gesetzt und aufs Gaspedal gedrückt, und das Auto blieb trotzdem stehen!«

Kinder – süß, nicht? Ein Manager eines Chemieunternehmens klagte mir: »Meine Leute sind manchmal wie die Kinder. Sie sagen: ›Chef, das geht nicht.‹ Ich frage dann: ›Wie oft haben Sie's denn versucht?‹ Sie sagen: ›Na, ein Mal.‹ Ich sage: ›Und da behaupten Sie, es funktioniert nicht? Versuchen Sie's zehnmal, und dann kommen Sie wieder.‹«

Man erzählt, dass Thomas Alva Edison über 900 Fehlversuche hatte, bevor er die Glühbirne erfand. Das nenne ich Hartnäckigkeit. Eine schöne Tugend. George Foreman, der Boxer, meinte einmal: »Kein Menschen will wissen, wie oft du flachliegst. Aber wenn du wieder aufstehst, da klatschen die Leute.« Auf die Nase fallen ist keine Schande. Liegenbleiben, das ist der Fehler.

Wie oft mussten Sie üben, bis Ihre Tennis-Rückhand einigermaßen saß? Bis Sie das Auto am Berg beim Anfahren nicht mehr abwürgten? Bis Sie laufen lernten? Wie lange brauchten Sie für die Integralrechnung? Für Ihren Drive beim Golf? Und warum glauben Sie, dass ausgerechnet das Führen Ihres Chefs auf den ersten und einzigen Versuch funktionieren muss? Das ist Unsinn, nicht?

Ein alter Lehrer sagte mal: »Rückschläge sind nicht die

Ausnahme. Rückschläge sind die Regel. Wenn kein Rückschlag kommt, bin ich fast schon enttäuscht.« Also rechnen Sie mit Rückschlägen, wenn Sie Ihren Chef führen. Haben Sie Geduld mit sich – und ihm. Es heißt auch: sich in Geduld üben. Das ist tatsächlich eine Übung. Eine der schwersten in unserer Zeit der sofortigen Lustbefriedigung. Die alten Samurai wussten das, wenn sie sagten: »Wer geduldig am Fluss sitzt, sieht den Körper seines Feindes vorbeitreiben.«

Denken Sie an Ihre Mutter oder an einen geduldigen Lehrer, den Sie hatten. Wie oft dieser Lehrer lächelt, aufmuntert und Sie wieder aufs Surfbrett stellt. Er lächelt, ermuntert und hievt Sie so lange hoch, bis Sie nicht mehr runterfallen. Seien Sie sich selbst ein geduldiger Lehrer. Achten Sie auf die innere Stimme, die nach einem Fehlversuch sagt: »Wusste ich gleich. Kann nicht funktionieren. Das schaffst du nie!« Setzen Sie sie vor die Tür – jedes Mal, wenn sie Laut gibt – und üben Sie sich in einer neuen inneren Stimme, die sagt: »Das ging daneben. Aber jetzt weiß ich wenigstens, was nicht funktioniert. Das nächste Mal mache ich es anders. Rom wurde schließlich auch nicht an einem Tag erbaut.«

Suchen Sie nach Rollenvorbildern. Machen Sie deren motivierende Sprache zu ihrer eigenen, inneren Sprache und Gesinnung. Suchen Sie die Umgebung von konstruktiven, motivierenden Menschen. Meiden Sie Pessimisten und Zyniker. Belohnen Sie sich für Rückschläge. Im Sport sagt man: »Der hat Steherqualität.« Das ist einer, der so lange immer wieder aufsteht, bis er im Ziel ist. Einen Rückschlag wegzustecken, das ist ein Erfolg.

Also werfen Sie nicht gleich die Flinte ins Korn, wenn die

ersten Versuche fehlschlagen. Es sei denn, Ihr Ziel lohnt den Aufwand nicht. Wenn es aber »nur« darum geht, einen Rückschlag zu verkraften, dann denken Sie daran: Wer zuletzt lacht, lacht am besten. Und: Lernen Sie aus Rückschlägen. Eigentlich gibt es gar keine Rückschläge, es gibt nur Hinweise. Nämlich darauf, was nicht funktioniert. Und das sind gleichzeitig Lerngelegenheiten, damit Sie es das nächste Mal anders machen können. Als man Fleming fragte, wie er das Penicillin entdeckte, sagte er trocken: »Ich habe es so lange versucht, bis ich es fand.« Das ist Ihr Motto. Und damit haben wir schon den Bogen zum nächsten Schritt geschlagen. Sie haben jetzt gesehen, wie Sie Ihre Ziele formulieren müssen, damit Sie sie erreichen können. Ein klar formuliertes Ziel ist schon die halbe Miete. Ohne klares Ziel keine Zielerreichung. Sie wissen jetzt, wohin Sie marschieren wollen. Aber sind Sie auch stark genug, das Ziel zu erreichen? Für jedes Ziel braucht man gewisse Fähigkeiten, Ressourcen oder Talente. Welche benötigen Sie und in welchem Ausmaß sind diese schon bei Ihnen vorhanden?

»Es gibt mehr Menschen,
die aufgeben, als Menschen,
die scheitern.«

HENRY FORD

»Ich bin nicht besonders klug.
Aber ich bin ausdauernd.«

ABRAHAM LINCOLN

T – wie Talente

Denken Sie mal

Sie wollen einen Kuchen backen – oder, damit Männer auch mitreden können, Sie wollen das Getriebe Ihres Oldtimers ausbauen –, was brauchen Sie dazu? Welche Zutaten oder Handwerkzeuge? Welche Fertigkeiten? Reicht es, den Teig aus dem Rezeptbuch zusammenzurühren, oder muss ich mehr können? Muss ich einen Schraubenschlüssel halten können oder brauche ich Kenntnisse in Differentialmechanik?

Was brauchen Sie, um Ihren Chef führen zu können? Bei manchen Zielen reicht es schon aus, wenn wir uns konkrete Gedanken über sie machen. Gedanken sind Kräfte. Petra Panthers Chef wird immer nervös, wenn sie ihm ihren Quartalsbericht vorlegt. Dabei ist der Bericht sehr genau.

Petra Panther erwartet Anerkennung und bekommt einen gequälten Blick. Seit sie ihre Enttäuschung überwunden und genauer darüber nachgedacht hat, hat sie einen Verdacht: Ihr Chef liest nicht gerne. Kein Wunder, er muss täglich so vieles lesen. Also komprimiert sie ihren nächsten Bericht auf eine Seite und legt eine Tabelle dazu. Ihr Chef strahlt: »Klasse, Frau Panther, schön übersichtlich. Das haben Sie fein gemacht.« Petra Panther hat ihr Ziel erreicht und musste dazu nur einmal scharf nachdenken.

Sie können darüber nur lachen? Ihr Chef ist von ganz anderem Kaliber? Dann lassen Sie uns dickere Geschütze auffahren.

Gespür: Wo liegt die Ursache?

Was Sie unbedingt brauchen, um Ihren Chef zu ändern, ist analytisches Verständnis: Wo liegt das Problem überhaupt? Sie haben im Kapitel »U – wie Ursachensuche«, S. 42 ff., die Ursachen des Problems mit Ihrem Chef erforscht und die Ursachen-Pyramide kennengelernt. Also können Sie jetzt mit relativ hoher Wahrscheinlichkeit sagen, woran es hauptsächlich liegt. Wie gut ist Ihr Spürsinn? Tippen Sie bei folgendem Beispiel auf die Problemursache:

Katrin Krüger hat große Probleme mit ihrem Chef. Dauernd hält er ihr Fehler vor. Dabei kann sie für diese Fehler überhaupt nichts, weil ihr kein Mensch die nötigen Hintergrundinformationen gibt, um die Aufgaben fehlerlos zu erledigen. Aber das sieht der Chef natürlich nicht. Er sieht nur ihre Fehler. Wenn der Chef sich doch nur ändern würde und ihre Situation verstehen könnte! Die Kolleginnen haben es viel einfacher. Sie sitzen auf dem gleichen Stockwerk wie der Chef. Der Chef ist ein ganz spontaner Mensch und informiert seine Mitarbeiterinnen immer so im Vorbeigehen. Außerdem hängt er sich häufig an, wenn welche zum Mittagessen gehen. Katrin Krüger dagegen sitzt mit zwei anderen Kollegen ein Stockwerk tiefer.

Das war einfach, nicht? Ursachen-Pyramide, erste Stufe: Das Umfeld stimmt nicht. Katrin Krüger sitzt weitab vom Schuss. Ihr Wunsch, ihr Chef möge sich ändern, ist keine Lösung. Warum schließt sie sich nicht einfach an, wenn die anderen zum Mittagessen gehen? Ein Telefonanruf genügt, um zu erfahren, wann wer zum Essen geht, und der störende Umweltfaktor ist gemildert. Gemildert, nicht beseitigt. Denn ein Mittagessen allein kann kein detailliertes Aufgaben-Briefing ersetzen. Also müsste Katrin Krüger ein Wörtchen mit ihrem Chef reden und ihn darauf aufmerksam machen. Tut sie das? Nein, sie verhält sich so, wie die meisten Menschen sich verhalten, die einen Problemchef haben: Sie duckt sich.

Fight or Flight: Flucht

Viele von uns haben längst herausgefunden, was nicht stimmt mit ihrem Chef. Wie setzen sie dieses Wissen ein? Sie erzählen es dem Betriebsrat, dem Gewerkschaftsvertreter, ihrem Partner, den Kollegen, der Sekretärin vom Chef, dem Vorgesetzten des Vorgesetzten oder einem Personalreferenten. In Unternehmen mit besonders vielen Problemchefs gibt es ganze Abteilungen, die einzig dafür da zu sein scheinen, damit sich die frustrierten Mitarbeiter bei ihnen ausheulen können. Meist übernimmt diese Aufgabe die Personalabteilung. Unterhalten Sie sich mal mit Personalchefs. Was diese von frustrierten Mitarbeitern über die Problemchefs erzählt bekommen, füllt Bände.

Natürlich tut es gut, wenn man sich aussprechen kann. Wenn einem jemand zuhört und einen versteht – vielleicht weil er ebenfalls einen Problemchef hat. So gibt es überall in den Unternehmen kleine informelle Clubs der Chefgeschädigten. Sogenannte Jammerzirkel. Dort kann man sich ausheulen. Die Frage ist nur: Was nützt das? Natürlich nichts. Man ist zwar erleichtert, aber am eigentlichen Problem ändert sich nichts. Im Gegenteil.

> **Hope has never changed tomorrow's weather.**
>
> **Sprichwort**

»Wer jammert, ändert nicht«, sagt Watzlawick. Das ist krass formuliert, trifft aber den Kern. Es ist nicht nur so, dass Jammern am eigentlichen Problem nichts ändern kann. Es verstärkt das Problem auch noch. In der Zeit, in der man jammert, könnte und müsste man mit dem Chef reden, um das Problem zu klären. Tut man aber nicht, weil man jammert.

So zementiert man nicht nur das Problem, sondern auch die eigene Hilflosigkeit. Und wenn man das einige Monate gemacht hat, dann wird es immer schwerer, aus der Opferrolle auszubrechen. Es gibt Menschen, die bleiben ihr Leben lang Opfer. Irgendwann waren sie durchaus selbständig und wussten sich zu wehren. Aber mit jedem Jammerzirkel verkümmert die Zivilcourage, bis schließlich nichts mehr übrig ist. Man nennt das auch erworbene Hilflosigkeit.

Jammern tut manchmal gut. Aber hilft es gegen Regen? Nein, Regenschirme helfen gegen Regen. Also spannen Sie Ihren auf. Wehren Sie sich.

Fight or Flight: Kampf ist Krampf

Katrin Krüger will nicht länger Opfer sein. Irgendwann reißt ihr der Geduldsfaden und sie wehrt sich. Statt es allen möglichen Leuten zu erzählen, erzählt sie jetzt ihrem Chef, was sie zu sagen hat.

Als der Chef das nächste Mal einen Fehler moniert, den Katrin Krüger nicht verantworten will, weil ihr die nötigen Informationen fehlten, spricht sie die Problemursache aus dem Umfeld an: »Sie haben gut reden. Sie da oben haben ja schon längst vergessen, dass wir hier unten sitzen. Sie erinnern sich nur dann an uns, wenn es was zu motzen gibt. Ansonsten sind Sie lieber mit den Kollegen von oben zusammen. Wenn ich nicht weiß, was Sache ist, kann ich die Arbeit auch nicht richtig machen und dafür kriege ich dann noch eine aufs Dach. Einen schönen Sinn für Gerechtigkeit haben Sie da, muss ich schon sagen.« Geben Sie mal einen Tipp ab über den weiteren Verlauf des Gesprächs …

»Draufhauen ist zunächst die Hoffnung, dass es einem besser gehen wird, hierauf die Erwartung, dass es dem andern schlechter gehen wird, dann die Genugtuung, dass es dem andern auch nicht besser geht, und hernach die Überraschung, dass es beiden schlechter geht.«

Karl Kraus

Kluges Verhalten

Schön, wenn Sie die Ursache Ihres Chefproblems herausfinden. Aber wenn Sie dieses Wissen so wie Katrin Krüger einsetzen, geht der Schuss nach hinten los. Wenn Sie Ihren Chef anbellen, bellt dieser zurück. Das ist die normale, menschliche Reaktion. Wer angegriffen wird, verteidigt sich, und Katrin Krüger sagt darauf: »Ich sag's ja immer, der Chef ist ein blöder Kerl. Der versteht auch überhaupt nichts!«

Damit wechselt Katrin Krüger von der ersten zur zweiten Ebene der Ursachen-Pyramide: Wie verhalten Sie sich? Sie können sich so verhalten, dass sich Ihr Problem bessert, und Sie können sich so verhalten, dass sich Ihr Problem verschlimmert. Sie kennen die Reaktion von Ertrinkenden.

Diese ziehen wild um sich schlagend den Retter auch noch mit sich hinab, anstatt sich ruhig zu verhalten und gerettet zu werden. An Ihrem Problem können Sie möglicherweise nichts ändern. Sie können nichts daran ändern, dass Sie über Bord gefallen sind. Aber Sie können sich so verhalten, dass Sie schnellstmöglich wieder ins Trockene kommen.

Das ist einfacher gesagt als getan. Versetzen Sie sich in Katrin Krügers Lage. Sie stehen vor Ihrem Chef, der Ihnen einen Fehler vorhält, für den Sie wieder einmal überhaupt nichts können. Platzt Ihnen da nicht auch der Kragen? Aber sicher doch. Das ist doch menschlich! Nein, es ist tierisch. Denn in Stresssituationen kommt unser Reptilienhirn durch: Fight oder Flight – Kampf oder Flucht. Entweder wir hauen automatisch drauf oder wir schlucken automatisch runter. Hinterher bereuen wir dann unsere Spontanreaktion meist, aber da ist es schon zu spät.

»FÜR etwas sein – nicht GEGEN etwas kämpfen.«
Nikolaus B. Enkelmann

Stress vermeiden: Vorausdenken

Ihrem Chef die Leviten zu lesen bringt in den seltensten Fällen etwas. Meist ziehen Sie den Kürzeren. Der Chef kann lauter brüllen, er hat mehr Macht. Es macht nichts, wenn Ihnen ab und zu der Kragen platzt. Das befreit. Es ist nur ärgerlich, wenn er Ihnen dauernd platzt und Sie Ihren Chef deshalb nicht so auf die Problemursache aufmerksam machen können, dass er es akzeptieren kann, ohne sich verteidigen zu müssen. Also sollten Sie den Kampf-Autopiloten ausschalten. Da dieser sich aber automatisch bei Stress einschaltet, gibt es nur einen Weg: Stress vermeiden.

> Bist du wütend,
> zähl bis vier,
> hilft das nicht,
> dann explodier.
>
> Wilhelm Busch

Wenn wir überrascht werden, reagieren wir oft mit Stress. Also vermeiden Sie, so gut es geht, Überraschungen, indem Sie vorausdenken. Ruft der Chef Sie zu sich? Rechnen Sie schon mal mit dem üblichen Anraunzer wegen eines Fehlers, für den Sie nichts können. Kommt der Anraunzer tatsächlich, kann er Sie nicht mehr überraschen und Sie können ruhig und sachlich die Problemursache ansprechen.

> »Man kann nicht klar denken, wenn die Fäuste geballt sind.«
>
> Rollo May

Werden Sie trotzdem einmal überrascht, greifen Sie auf ein altes und bewährtes Stressmittel zurück. Sobald Sie merken, dass Ihnen die Galle hochkommt, zählen Sie langsam auf fünf und antworten erst dann. Die verzögerte Antwort ist meist überlegter als die Spontanreaktion. Eine Kollegin zählt nicht auf fünf, sie sagt sich innerlich dreimal »Gänseblümchen«. Für sie ist das eine hübsche Assoziation, die den ersten Ärger abkühlt.

Zwei Tipps gegen Stress

1. Was Sie nicht überrascht, kann sie weniger stressen. Also: Antizipieren Sie wie ein guter Schachspieler den nächsten Zug Ihres Problemchefs.
2. Überrascht er Sie dann doch einmal, vermeiden Sie einen Spontanfehler. Zählen Sie langsam auf fünf oder verwenden Sie eine eigene Assoziation zur Vermeidung von unliebsamen Spontanreaktionen.

Heißt das, dass Sie jedes Mal, wenn Ihnen der Chef krumm kommt, Ihren Ärger runterschlucken sollen? Aber im Gegenteil.

Senden Sie Ich-Botschaften

Ärger ist etwas ganz Normales. Ihn unartikuliert rauszulassen, wirkt jedoch provozierend. Die Betonung liegt auf unartikuliert. Es gibt Techniken, mit denen Sie Ihre Gefühle rauslassen können, ohne den Konflikt zu verschärfen. Eine dieser Techniken ist die Ich-Botschaft. Lesen Sie nochmals Katrin Krügers »Ansprache« an ihren Chef. Was denkt der Chef wohl darüber? Er hält das ohne jeden Zweifel für einen knallharten Vorwurf, den er nicht auf sich sitzen lassen kann. Ganz anders muss er dagegen folgende Äußerung auffassen:

»Der Fehler ist passiert, das bestreite ich gar nicht. Ich hatte leider nicht die nötige Information, um den Fehler zu vermeiden. Ich fühle mich da unten in meinem Büro einfach ausgeschlossen und habe auch den Eindruck, Sie würden die Kollegen von oben bevorzugen.«

Die Wahrscheinlichkeit, dass der Chef mit so einer Ich-Botschaft besser umgehen kann als mit einem barschen Vorwurf, ist sehr hoch. Hier wird er nämlich nicht angegriffen. Frau Krüger schildert lediglich, wie sie sich in der Situation fühlt. Machen Sie ein Experiment. Schreiben Sie auf, was Ihr Chef in Ihren Augen falsch macht:

____

____

____

Das ist der typische Vorwurf. Jetzt schreiben Sie auf, wie Sie sich in dieser Situation fühlen, welchen Eindruck Sie haben, wie das auf Sie wirkt:

____

____

Versetzen Sie sich jetzt in die Lage Ihres Chefs und überlegen Sie, mit welcher Version Sie als Chef besser zurechtkommen würden. Es ist offensichtlich, nicht? Schon eine andere Formulierung desselben Sachverhalts kann den Ausgang des Gesprächs völlig auf den Kopf stellen.

Rauslassen, nicht reinfressen

Wir alle haben mehr oder weniger intensiv gelernt und erfahren: Gefühle haben am Arbeitsplatz nichts zu suchen. Es geht um Aufgaben, nicht um Emotionen. Emotionen stören den Betriebsablauf. Das ist logisch. Leider führt es zu einem Problem. Die Gefühle verschwinden ja nicht allein deshalb, weil sie den Betriebsablauf stören. Also wohin damit? Wir schlucken sie runter. Und da unten brodeln sie dann weiter und verursachen Magengeschwüre, Kreuzschmerzen und andere psychosomatische Beschwerden.

»Kannibalen bevorzugen Menschen ohne Rückgrat.«
Stanislav Lem

Die meisten Menschen mit psychosomatischen Beschwerden fressen den ganzen Ärger in sich hinein. Dabei ist die Lösung einfach: Nicht reinfressen, sondern rauslassen. Probleme müssen auf den Tisch. Ich-Botschaften geben Ihnen dafür eine Strategie, die Ihren Chef nicht zu Abwehrverhalten provoziert. Also vergessen Sie den Mythos, dass Gefühle unsachlich seien und deshalb nichts bei der Arbeit zu suchen hätten. Das ist ein Mythos der Magenkranken. Denn schließlich wird Ihr Ärger nicht von Sachproblemen verursacht, sondern durch die Art und Weise, wie der Chef mit Ihnen umspringt. Wenn der Chef Ihre Gefühle verletzt, dann gehören Gefühle sehr wohl zur Arbeit. Doch das ist gar nicht mal so wichtig. Wichtig ist, dass Sie nur die Wahl zwischen Magengeschwür und offener Aussprache haben. Was wählen Sie?

Natürlich braucht man mehr Mut zum Rauslassen als zum Runterschlucken. Aber meist ist das gar keine Frage des Mutes mehr. Sobald Sie sich wirklich klar darüber werden, dass Sie kein Müllschlucker, sondern ein Mensch mit gewissen unveräußerlichen Rechten sind, sieht das Ganze völlig anders aus. Wer in seiner Einsicht so weit ist, sagt etwa: »Irgendwann ist Schluss. Genug ist genug. Jetzt wehre ich mich.« Der Mut kommt dann von selbst.

Seien Sie unbesorgt, die Verwendung von Ich-Botschaften

bedeutet nicht, dass Sie ab sofort jedes Gefühl Ihrem Vorgesetzten mitteilen sollen. Bleiben Sie Realist. Nicht jede innere Regung gehört vor den Chef.

Reicht das? Sie geben eine Ich-Botschaft und schon benimmt sich Ihr Chef manierlich? Nicht ganz. Ihr Chef weiß jetzt zwar, wie Sie sich fühlen. Aber er weiß nicht, woran das eigentlich liegt.

Der kluge Mönch

Das Leben in den meisten Klöstern ist fast so stark durchorganisiert wie in Wirtschaftsunternehmen. Andachten, Gottesdienste, Hausdienste, Krankenbesuche – da bleibt kaum eine Minute zur freien Verfügung. Ein junger Mönch unterwarf sich dem Zeitplan ohne Murren – er hatte nur ein Problem. In dem kärglichen Klosterleben hatte er fast jedem persönlichen Vergnügen entsagt. Er gönnte sich nur ab und zu sein Meerschaumpfeifchen. Das Problem war: Bei seinem vollen Terminplan war er eigentlich nur 20 Minuten am Tag ganz für sich allein und ohne Aufgabe für die Gemeinschaft – das war die Zeit des persönlichen Gebets auf der eigenen Stube. Der Mönch trug nun sein Gewissensproblem seinem Abt vor, der als sehr streng galt: »Ehrwürdiger Vater, glaubt Ihr, dass es gegen den rechten Glauben verstößt, wenn ich beim Beten rauche?« Der Abt sah ihn groß an und sagte: »Aber natürlich – welch abstruse Frage!« Der junge Mönch zog enttäuscht von dannen und sagte zu einem Mitbruder: »Mit dem alten Mann kann man eben nicht reden. Der gönnt mir nicht mal mein Pfeifchen.« Der ältere Bruder sagte: »Du hast die Frage falsch gestellt. Ich will es dir vormachen.« Und er ging zum Abt und fragte: »Ehrwürdiger Vater. Das Wort der Heiligen Schrift ›Betet ohne Unterlass‹ ist mir zu einem Quell der Erbauung geworden. Ich bete, wann und wo immer ich kann, und ziehe großen Seelenfrieden daraus. Nur habe ich ein Problem. Ich bete, wann und wo immer mich das Bedürfnis überkommt. Wenn ich aber gerade meine Pfeife rauche und mich das Bedürfnis zu beten überkommt – soll ich es dann unterdrücken, nur weil ich gerade rauche?« Und der Abt rief: »Lieber Bruder, auf keinen Fall! Betet nur, der Herr hört auf jedes Gebet.« Der ältere Mönch aber sagte zu seinem jüngeren Kollegen: »Siehst du, der Ton macht die Musik.«

Gesprächskiller

Wenn Sie Ihren Ärger per Ich-Botschaft rauslassen, weiß Ihr Chef, was in Ihnen vorgeht. Er bekommt es so gesagt, dass er sich nicht angegriffen fühlt. Er weiß jetzt, wie Sie sich fühlen – aber weiß er auch, weshalb? Nein, aber er sollte es wissen. Denn sonst macht er denselben Fehler immer wieder und bringt Sie immer wieder auf die Palme. Das Problem ist nur: Wie sagen Sie Ihrem Chef, dass er Mist baut?

Auch hier gibt es Eigentor- und Erfolgstaktiken. Katrin Krüger beispielsweise verwendet eine Eigentor-Taktik. Sie sagt: »Sie da oben haben ja schon längst vergessen, dass wir hier unten sitzen.« Das mag zwar völlig richtig sein, aber – würden Sie an Stelle von Frau Krügers Chef dabei nicht auch an die Decke gehen? Katrin Krügers Aussage ist so pauschal, dass sie schon beleidigt. Besonders das Wort »längst« ist ein übler Treibsatz. Kein Wunder geht der Chef hoch.

Es gibt eine Menge solcher Gesprächskiller. Alle Absolutbegriffe sind Gesprächskiller: jeder, alle, immer, ständig, pausenlos, nie, ohne Ausnahme, total, völlig ... Sicher haben Sie schon folgende Statements gehört oder gesagt:

»Wir von der Abteilung X sind immer die Dummen.«

»Das hat doch noch nie funktioniert!«

»Die Idee ist völlig unbrauchbar.«

Es ist auch ziemlich ungeschickt, Kronzeugen aufzurufen: »Die ganze Abteilung denkt so!« Oder: »Der Marketing-Chef glaubt das auch!« Natürlich, Sie wollen damit zeigen, dass Sie kein einsamer Querulant sind, sondern viele so denken wie Sie. Was aber hört Ihr Chef heraus? »Meuterei! Die Bande verbündet sich gegen mich! Es gibt eine Verschwörung mit den Marketing-Leuten.« Also haut er feste drauf. Für Sie ein Eigentor. Kronzeugen sind Gesprächskiller. Dass Ihr Chef seinerseits mit Kronzeugen argumentiert, stört Sie nicht. Es zeigt lediglich, dass Sie Ihrem Chef in Sachen konstruktives Feedback um eine Länge voraus sind.

Sagen, was man sieht

Wenn Ihr Chef die Wand hochgeht, haben Sie nichts erreicht. Wenn Frau Krüger sagt: »Sie haben sich viel zu wenig Zeit genommen, um mir den Auftrag richtig zu erklären!«, dann trifft sie eine Wertung, die der Chef ganz anders sieht: »Die Zeit reichte doch völlig!« Man kommt nicht weiter, indem man wertet oder interpretiert. Subjektive Wertungen sind bestreitbar, objektive Beobachtungen nicht, zum Beispiel: »Erinnern Sie sich? Wir sprachen circa 10 Minuten miteinander. In dieser Zeit konnten wir die Motorenversion nicht festlegen. Deshalb konnte ich nachher nur spekulieren.« Darauf muss kein Mensch die Wand hoch, weil alle mitgeteilten Beobachtungen sachlich und neutral sind. »Viel zu wenig Zeit« ist subjektive Wertung, »circa 10 Minuten« ist objektive Beobachtung. Wenn Sie aber wirklich etwas mitteilen wollen, das nicht wahrnehmbar war, dann sagen Sie es als Ich-Botschaft. Aber im richtigen Stil, dem partnerschaftlichen – und nicht dem untergeordneten (Stil III) oder aggressiven (Stil I): »Ich brauche mehr Zeit für die Auftragsübergabe, bitte verstehen Sie das.«

Zeitnahes Feedback

Wenn Ihr Chef Mist baut: Warten Sie nicht zu lange. Sie kennen das vielleicht aus Ihren Beurteilungsgesprächen. Da hält Ihnen Ihr geschätzter Vorgesetzter einen Vorfall vor, der vor einem halben Jahr passierte. Sie erinnern sich möglicherweise überhaupt nicht mehr daran. Je eher Sie ein Problem ansprechen, desto eher lässt es sich klären.

Frau Swerin, Sachbearbeiterin in einem Versandhaus, schilderte in einem Seminar, dass ihr Chef ihre neue Kollegin bevorzuge. Er widme ihr mehr Zeit und Aufmerksamkeit und sei wesentlich großzügiger bei Fehlern der Kollegin. Frau Swerin litt sehr unter dieser Situation. Und das seit zehn Monaten! Seit fast einem Jahr macht ihr die Arbeit keinen Spaß mehr, und sie liegt ständig auf der Lauer, welche Ungerechtigkeit Ihr Chef denn jetzt wieder ausheckt.

Frau Swerin hat zu lange gewartet. Sie hat mindestens neun Monate zu lange – und ziemlich unnötig – gelitten. Außerdem hat sie ein zusätzliches Problem geschaffen: Wie kann man über ein derart verschlepptes Problem überhaupt noch konstruktiv Feedback geben? Versetzen Sie sich mal in die Lage des Chefs. Er hält sich für einen guten und gerechten Chef. Und plötzlich kommt der Vorwurf der Unfairness. Frau Swerin mag diesen Vorwurf ja nach allen Regeln des konstruktiven Feedbacks verpacken. Aber zu hören, dass Frau Swerin schon seit fast einem Jahr unter ihm leidet, das ist ein dicker Hammer. Wenn der Chef nicht an die Decke geht, wird er zumindest leicht aufgebracht fragen: »Und warum kommen Sie damit erst jetzt zu mir?« Er spürt natürlich das Misstrauen dahinter, was ihn beleidigt, denn er hält sich für einen Chef, der jederzeit ein offenes Ohr für seine Mitarbeiterinnen hat – und jetzt hält ihm Frau Swerin quasi das Gegenteil vor! Das ist kein Feedback auf einen konkreten Vorfall hin. Das ist eine Aberkennung seines Führungsstils schlechthin! Also fühlt er sich angegriffen und wehrt ab. Warum schießt sich Frau Swerin ein so schönes Eigentor?

Jeder Konflikt war mal ein Konfliktchen.

Natürlich schauen wir alle erst einmal weg und denken: »Das wird schon nicht mehr vorkommen. Das wird schon irgendwie besser. Vielleicht ist der Chef nur im Stress.« Wir scheuen heute die Konfrontation, den Aufwand, den Ärger. Den Ärger, den wir uns dadurch morgen einhandeln, sehen wir zunächst nicht. Aber das hat uns schon die Erziehung gelehrt: Wenn man Kindern nicht sagt, wo's langgeht, wird ihr Verhalten eher schlimmer. Auch bei Vorgesetzten ist das so. Je länger Sie warten, desto weiter läuft Ihr Chef aus dem Ruder. Wie soll er's denn merken, wenn es ihm keiner sagt? Aber das müssen wir uns erst einmal klarmachen: Auch der Chef braucht Feedback.

Doch für Frau Swerin ist es dafür zu spät. Was kann sie noch tun?

Es ist nie zu spät, auch wenn es zu spät ist

Als guter Stratege wissen Sie: Keine Angriffsfläche bieten. Wenn Sie tatsächlich seit Monaten eine Leiche im Keller haben, dann tun Sie so, als sei sie frisch! Wenn Frau Swerin sagt: »Seit 10 Monaten fühle ich mich als Mensch zweiter Klasse!«, dann ist das Eigentor schon gefallen. Wenn sie aber sagt: »Die Kollegin hat gestern 200 Verpackungseinheiten fehlgeleitet, und Sie haben das mit einem Lächeln quittiert. Heute schimpfen Sie mit mir wegen 50 Einheiten. Tut mir leid, aber ich komme mir da vor wie ein Mensch zweiter Klasse.« Dann sieht das anders aus. Clever, nicht?

Frau Swerin tut einfach so, als sei der letzte Vorfall der erste – und nicht der hundertste. Der Gesprächskiller »seit 10 Monaten« fällt raus. Das ist ein sauberer Trick. Etwas weniger trickreich ist die zweite Variante. Sie erfordert jedoch ein hohes Maß an Rückgrat und Eigenständigkeit. Ein Elektroingenieur sagte zu seinem Vorgesetzten: »Tut mir leid, dass ich Ihnen das jetzt erst sage. Es liegt nicht an Ihnen. Ich weiß, dass ich damit hätte jederzeit zu Ihnen kommen können …« – eine taktisch kluge Unterstellung – »… aber seit fünf Monaten fühle ich mich irgendwie degradiert. Ich bekomme keine aufregenden Projekte mehr.« Das ist kein Trick. Es ist nur die kunstvoll verpackte Wahrheit. Der Ingenieur nahm die Schuld für etwas voll auf sich, was zur Hälfte nicht seine Schuld war. Aber nicht, weil er den Selbstlosen spielte (Stil III, siehe Kapitel »U – wie Ursachensuche«, S. 56), sondern weil er ein taktisch kluges Bauernopfer anbot. Er wusste, dass sein Vorgesetzter gerne den Übervater rauskehrt, und packte ihn an diesem Ehrgeiz. Der Vorgesetzte konnte es natürlich nicht zulassen, dass einer »seiner Jungs« sich benachteiligt fühlte – und behandelte ihn folgerichtig von nun an bevorzugt. Oder wie Stevenson sagte: »Wer sich zum richtigen Zeitpunkt klein macht, kommt oft groß raus.«

Doch eigentlich sollten wir es nie so weit kommen lassen, dass wir nach Monaten eine zum Elefanten angewachsene Mücke tranchieren müssen. Der richtige Zeitpunkt ist wichtig.

Vom richtigen Zeitpunkt

Nicht jede Mücke gehört auf den Tisch. Aber warten Sie nicht, bis aus der Mücke ein Elefant wurde. Elefanten sind schwer verdaulich. Servieren Sie Ihrem Chef das Problem sobald wie möglich. Aber: Wählen Sie einen günstigen Augenblick. Sofort zum Chef zu rennen, wenn das Problem auftaucht, ist manchmal unklug. Wenn der Chef beispielsweise eklig ist, weil er gerade im Stress ist, dann ist sofortiges Feedback ein Eigentor: Es stresst ihn nur noch mehr!

Man fragt Papa nicht während des Aktuellen Sportstudios um eine Taschengelderhöhung. Die Erfolgsaussicht liegt unter null. Wenn Ihr Chef gerade unter enormem Termindruck steht, ist kein guter Zeitpunkt für Sie. Ihr Chef ist nicht aufnahmefähig. Kleiner Tipp: Fragen Sie seine Sekretärin. Gute Sekretärinnen lesen ihre Chefs wie ein Thermometer: »Heute ist er ganz gut drauf, da verträgt er einiges.« Sperren Sie die Ohren auch in Richtung Kolleginnen und Flurfunk auf: Was sagen die zuverlässigen Quellen? Ist der Chef heute gut drauf? Hat er eben jemand zur Sau gemacht? Hat er Druck von oben? Oder hat er die Spendierhosen an und verteilt Großzügigkeiten?

Warum fällt es uns so schwer, solche trivialen Tricks anzuwenden? Weil wir ganz unbewusst annehmen, dass der Chef immer für uns da sein muss. Egal, wann uns der Schuh drückt. Wir wählen einen ungünstigen Zeitpunkt, der Chef reagiert unwirsch und wir sagen dann: »Siehste, wusste ich's doch.« So erhält sich natürlich unser Feindbild. Manchmal ist das bequemer, als wirklich etwas zu ändern. Wir sollten dabei nur eines nicht vergessen: Wir bescheißen uns damit selbst.

Also überlegen Sie es sich gut, wann Sie anklopfen wollen. Spontanentscheidungen und verschleppte Entscheidungen sind zwei Extreme, die vermeidbar sind.

Sagen Sie, was Sie wollen

Sie haben Ihrem Chef also gesagt, dass (subjektive Reaktion) und warum (objektive Beobachtung) Sie sauer sind. Bis hierhin schaffen wir das konstruktive Feedback meist noch. Dann aber verlässt uns der Mut. Wir reden um den Brei herum. Denn jetzt müssten wir dem Chef sagen, was genau er tun muss.

Bis jetzt weiß der Chef nämlich nur, was er nicht tun darf. Aber, wie Einstein schon sagte, »was man tun soll, ist nicht immer das Gegenteil von dem, was man nicht tun soll«. Doch wie kann ich kleines Würstchen dem allmächtigen Chef sagen, was er tun soll? Und außerdem: Kommt er da nicht von selbst drauf? Na ja, ich kenne Ihren Chef nicht.

Aber würden Sie sich darauf verlassen wollen, dass er von selbst draufkommt? Vertrauen ist zwar gut. Aber sagen, was frau will, ist besser. Außerdem ist das Große-Tiere-Argument ziemlich schwach. Viele Seminarteilnehmer berichten: »Die großen Tiere sind überraschend oft sehr dankbar, wenn man ihnen objektives Feedback gibt – ganz da oben ist es sehr einsam.« Also geben Sie's ihm!

»Den ganzen Tag über war auf meiner Toga ein hässlicher Fleck. Ich sah ihn nicht. Aber jeder Besucher sah ihn und keiner sagte etwas – zu mir! Das heißt es, der Führer eines Volkes zu sein – niemand sagt ihm das, was jedem offensichtlich ist. Ich könnte auf einem Bein von hier bis nach Ostia hüpfen und zurück und niemand würde etwas sagen – zu mir!«

Cäsar in Thornton Wilders »Die Iden des März«

Reden Sie nicht um den Brei herum. Sagen Sie klipp und klar, was Sie wollen. Sie haben ein s.m.a.r.t.es Ziel gefasst, und das erreichen Sie am ehesten, wenn Ihr Chef weiß, worauf Sie hinauswollen. Worauf wollen Sie eigentlich hinaus? Sie haben den konkreten Anlass Ihres Ärgers beschrieben. Sie haben mit Ich-Botschaften geschildert, wie Sie sich dabei fühlen. Jetzt sollten Sie noch sagen, was Sie sich stattdessen wünschen:

»Ich wünsche mir, dass Sie mir nach Projektende sagen, was Sie von meiner Arbeit halten.«

»Ich wünsche mir, dass ich Ihnen einige Fragen stellen kann, wenn mir ein Auftrag unklar ist.«

Was ist daran anstößig? Nichts. Im Gegenteil. Manchmal wird es Ihnen passieren, dass Ihr Chef darauf sagt: »Warum haben Sie das nicht früher gesagt? Das war mir nicht bewusst!«

Erlauben Sie sich selbst, Ihre Wünsche zu äußern, aber erlauben Sie auch Ihrem Chef, die seinen zu nennen.

Eleganter: Fragen statt sagen

Ein vernünftiger Chef hat keine Probleme, wenn Sie ihm sagen, was Sie sich wünschen. Leider gibt es genügend unvernünftige. Haben Sie einen? Testen Sie ihn. Wenn Sie einen Wunsch äußern und er ihn ohne ersichtlichen Grund abschmettert, dann kann es daran liegen, dass Ihr Chef einen kleinen Minderwertigkeitskomplex hat.

Das ist unter Chefs verbreitet. Wieso auch will ein Mensch 50 Leute »unter sich« haben, wie es schwache Chefs so gern herausposaunen? Weil das Macht gibt. Einige Machtkomplexe sind so schlimm, dass sogar einfache Wünsche von kleinen Mitarbeitern als Bedrohung angesehen werden. Das ist zwar haarsträubend und therapiewürdig. Aber es hat auch einen Vorteil: Wer derart machtgierig ist, den kann man leicht führen. Der Chef ist eigentlich nur sauer, dass Sie etwas wünschen, weil Ihr Wunsch zugleich ein Vorschlag ist, wie man's künftig machen könnte. Und Vorschläge darf nur der Chef machen. Damit jeder sieht, was für eine Leuchte er ist. Also schieben Sie Ihren Wunsch dem Chef so unter, dass es so aussieht, als ob Ihr Chef den Vorschlag macht. Hört sich kompliziert an? Also dann in zwei Worten: Fragen Sie. Beispielsweise:

»Ich weiß ja, dass Sie wirklich genug zu tun haben, aber glauben Sie, dass Sie am Ende eines Projektes mir sagen könnten, was Sie von meiner Arbeit halten?«

»Sie haben einen vollen Terminkalender, ich weiß. Könnten Sie mich trotzdem mal für zehn Minuten reinschieben, wenn mir ein Auftrag nicht klar ist? Sie würden mir sehr damit helfen.«

Merke: Wer übersteigert auf Macht aus ist, der nimmt auch jede Gelegenheit wahr, sie auszuspielen. Und einem Bittsteller eine Bitte zu gewähren, kann nur der Mächtige. Wenn Sie Ihren Chef also in die Rolle hineinstellen, in der er sich gerne sieht, dann bekommen Sie, was Sie wollen.

Geben Sie den Ball ab

Der Dreisprung des Nach-oben-Führens ist damit perfekt: Konkreter Anlass (objektive Beobachtung) – Ich-Botschaft (subjektive Reaktion) – konkreter Wunsch. Sobald Sie Ihren konkreten Wunsch geäußert oder als Frage gestellt haben, sollten Sie aber unbedingt den Ball abgeben und den Chef sagen lassen, was er davon hält. Sonst zerreden Sie die ganze Sache bloß.

Jetzt ist Ihr Chef dran. Na, was ist? Warum sitzt er denn da wie ein ausgestopfter Pudel und sagt nichts? Er ist doch geschult, oder? Chefs springen nicht unbedingt aufs Stichwort an. Dafür werden sie nicht bezahlt. Sie werden fürs Machen bezahlt. Wenigstens glauben das manche. Wenn Ihr Chef also auf Ihren konkreten Wunsch hin nichts oder nichts Sinnvolles sagt, dann müssen Sie ihm auch für diese Situation ein konstruktives Feedback geben: »Ich habe meine Seite der Situation und meinen Wunsch für die Zukunft geschildert. Ehrlich gesagt, Ihre Antwort verunsichert mich ein wenig. Ist mein Wunsch unrealistisch?« Dahinter schwingt natürlich die Botschaft: »Hör mal, komm endlich zur Sache. Wird mein Wunsch erfüllt oder was?« Aber Sie wissen ja: Der Ton macht die Musik. Sie machen mit diesem Feedback Ihren Chef darauf aufmerksam, dass Sie immer noch auf eine Antwort warten. Und wenn Sie auf diese höfliche Weise hartnäckig bleiben, dann können Sie so lange nachfragen, bis der Chef nicht mehr ausweichen kann. Er kann Sie ja nicht rauswerfen, solange Sie so höflich und konstruktiv sind! Das ist elegant, nicht?

Noch ein Eigentor: 7+/–2

Es gibt ein Eigentor, das ist ganz besonders schmerzhaft. Da hat man sich nun endlich aufgerafft, dem Chef die lange runtergeschluckte Meinung zu sagen und was passiert? Man ist so überrascht vom eigenen Mut, das Gespräch läuft erstaunlicherweise so gut und man ist so überwältigt von den aufgestauten Erlebnissen, dass es kein Halten mehr gibt. Man hält dem Chef alle Fehler der letzten Wochen vor. Das geht dann ziemlich schief.

Denn selbst wenn der Chef sich von der Riesenliste an Beschwerden nicht angegriffen fühlt – er kann sich so vieles auf einmal gar nicht merken, geschweige denn verarbeiten. Neurologen haben ermittelt, dass sich der durchschnittliche Mensch höchstens 7+/–2 Informationseinheiten gleichzeitig merken kann. Also höchstens neun und mindestens fünf. Manche glauben, dass selbst diese geringe Zahl noch sehr optimistisch ist. Erinnern Sie sich an Ihre Schulzeit. Als es ans Auswendiglernen ging, wie viele einzelne Dinge konnten Sie sich bei Aufzählungen merken? Viele müssen schon nach drei Hauptstädten, Landesflüssen, Aminosäuren oder was auch immer passen. Daher kommen auch die vielen Eselsbrücken und Merksprüchlein: Der Mensch kann sich ohne Hilfsmittel recht wenig merken. Und Ihrem Chef können Sie wohl kaum ein Eselsbrücklein bauen …

Rechnen Sie zusammen: Sie geben eine konkrete Beobachtung plus eine Ich-Botschaft plus einen konkreten Wunsch ab – macht zusammen schon drei Dateneinheiten.

Wenn Ihre Beobachtung und Ihr Wunsch zweiteilig sind, dann ist die Aufnahmefähigkeit Ihres Chefs schon erreicht. Also überfordern Sie ihn nicht. Den Rest vergisst er nämlich einfach. Deshalb ist es klug, wenn Sie pro Feedback nur einen einzigen Anlass ansprechen. Was darüber hinausgeht, riecht nach Eigentor.

Daumenregel: Pro Feedback nur einen einzigen Sachverhalt ansprechen. Sonst überfordern Sie Ihren Chef. Denken Sie daran: 7+/–2.

Auf einen Blick: Das Sandwich-Feedback

Sie haben jetzt eine Menge über Feedback gelesen. Damit Sie sich das leichter merken und leichter anwenden können, packen wir es in eine griffige Formel: den $PoW^3Erburger$ (s. Schaubild).

Der PoW^{3}Erburger

Positiv-3xW-ERgebnis

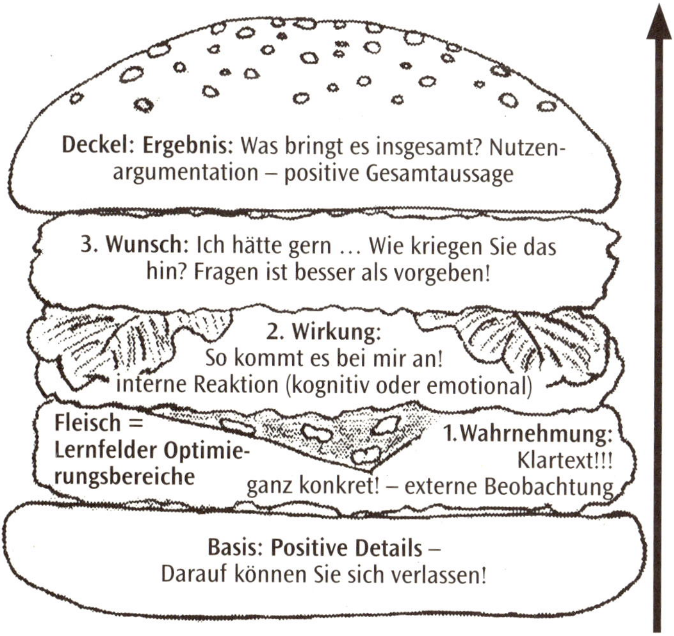

Po = **Po**sitive Grundlage, das ist der Sandwichboden
W^3 = **W**ahrnehmung, **W**irkung, **W**unsch: die Füllung
Er = positives **Er**gebnis, der Sandwichdeckel

Von den einzelnen Elementen des Sandwich-Feedbacks haben Sie ja schon einige kennengelernt. Wir schauen sie uns kurz nochmals an und nehmen einige neue hinzu.

Po – die positive Grundlage

Sie haben sicher schon erlebt, dass niemand freundlich reagiert, wenn Sie mit der Tür ins Haus fallen: »Du, hör mal, ich fand das eben wirklich bescheuert.« Prompt schottet sich das Gegenüber ab – Eigentor. Also sollte man sein Feedback immer mit einem Türöffner beginnen, eben **Po**, der positiven Grundlage: »Herr Müller, ich finde es toll, wie schnell Sie die Kundenwünsche weitergeben.« Und jetzt erst fügt Katrin Krüger an, dass sie damit auch ein Problem hat, weil auf die Schnelle eben zu wenig Informationen rüberkommen.

Wie Tante Ottilie immer sagte: »Bring ein Geschenk mit, wenn du was willst!« Das ist ein einfacher Kniff mit hoher Wirkung. Warum fällt er uns nur so ungeheuer schwer? Es gibt Menschen, die weigern sich strikt, über **Po** auch nur eine Sekunde nachzudenken: »Mein Chef ist ein Stinkstiefel, da gibt es nichts **Po**sitives dran, Schluss, aus, Ende.« Verständliche Sichtweise. Ändert sie irgendetwas am Problem? Nein. Aber es gibt Menschen, die fallen lieber tausendmal mit der Tür ins Haus und damit auf die Schnauze, bevor sie auch nur daran denken, an ihrem Chef irgendetwas Positives zu entdecken.

Das hängt damit zusammen, dass wir unsere Feindbilder brauchen. Wir brauchen Menschen, die wir hassen können, um unseren Frust loszuwerden. Das hat Ventilfunktion. Und an wem wir **Po**sitives entdecken, den können wir nicht mehr so toll hassen. Also kommen wir in Gefahr, unser Ventil zu verlieren, und das darf nicht sein. Es ist andererseits erstaunlich, wie viele kluge Menschen an diesem einfachen Kniff lernen. Ein Produktmanager, der seinen Group Product Manager jahrelang erbittert hasste, sagte: »Nach fieberhafter Suche hatte ich endlich eine **Po**sitive Grundlage für mein Feedback gefunden. Und dann fiel mir auf: Hoppla, das macht der Chef aber wirklich gut. Da müssen wir sogar froh drüber sein.« Fortan war der Chef nicht mehr das böse Ekel, sondern ein tüchtiger Kerl, der leider einige Macken hat. Allein diese Einsicht löste das Chefproblem für den Produktmanager schon halb: »Ich musste mich gar nicht mehr so über ihn aufregen, weil ich plötzlich eine positive Seite an ihm entdeckt hatte.«

W^3

Nach dem Türöffner kommt das, was Sie schon kennen, nämlich die konkrete Beobachtung, die Ich-Botschaften und Ihr Wunsch:

1. **W – Wahrnehmung:** Das ist Ihre konkrete Beobachtung. Reden Sie Klartext: »Mir ist aufgefallen …« »Ich habe beobachtet …« »Es waren nur noch drei Kabelanschlüsse im Lager …«
2. **W – Wirkung:** Hier kommt Ihre Ich-Botschaft: »Ich hatte dabei das Gefühl …« »Das wirkte auf mich …«
3. **W – Wunsch:** Jetzt sagen Sie, was Sie wollen. Was künftig wie anders laufen soll. Sie wissen inzwischen: Fragen ist manchmal besser als wünschen, fordern oder vorgeben.

Manchmal kommen die Teilnehmer der Seminare ganz aufgeregt zu mir und melden, dass sich etwas »Unerwartetes« ereignet habe: »Mein Chef hat mich gelobt, weil ich plötzlich genau sage, was ich will. Er sagte, dass man jetzt auf einmal vernünftig mit mir reden könne.« Das ist nun gar nicht so erstaunlich. Denn haben Sie schon mal darüber nachgedacht, wie Ihr Problemchef Ihr Problem sieht?

1. Was ihn aufregt,
2. Wie er sich dabei fühlt und
3. Was er denn überhaupt will!

Viele Problemchefs sind ausgesprochen dankbar, wenn Sie ihnen endlich ohne üble Vorwürfe oder Schmollerei sagen, wo das Problem liegt und was man ändern könnte. Und das wiederum hat einen weiteren positiven Effekt, den viele Menschen ansprechen: »Seit der Chef Feedback von uns annimmt, haben wir eine Atmosphäre der Offenheit, die unglaublich motiviert. Wir haben jetzt das Gefühl, dass wir über alles mit dem Chef reden können – vorausgesetzt, wir reden konstruktiv.« Man spricht sich aus, man räumt Missverständnisse aus – eine tolles neues Arbeitsklima entsteht.

Unklug: »So geht das doch nicht, Herr Meier! Ihr autoritärer Führungsstil ist katastrophal und demotivierend!«
Klug: »Gut finde ich Ihre Offenheit. Sie sagen immer, was Sie denken und halten Ihre Meinung nicht zurück. Das schätze ich besonders, wenn Sie uns nach außen Rücken-

deckung geben. Schwer zu schlucken habe ich jedoch an Ihrem Auftreten in Besprechungen. Sie lassen mich selten ausreden und werden auch oft laut. Danach fühle ich mich immer völlig erledigt. Könnten Sie mich ausreden lassen und ein wenig leiser sprechen? Ich denke, dass ich einfach bessere Arbeit leiste, wenn ich nicht nach jeder Besprechung koche vor Wut.«

Er – das positive Ergebnis

Das Ding heißt Sandwich-Feedback, weil oben und unten das Gleiche drankommt. Man fängt mit Positivem an und hört mit einem positiven Ergebnis auf. Durch einen positiven Beginn geben Sie dem Chef das Gefühl, dass Sie nicht sein Gegner sind. Sie zeigen ihm, dass Sie beide eigentlich hinter demselben großen, gemeinsamen Ziel her sind. Sie sagen ihm, was Sie gut an ihm finden, und was er folgerichtig beibehalten kann. Das beruhigt ihn erst mal. Dann laden Sie Ihre W^3 ab, und das heißt für ihn: »Arbeit. Der Mitarbeiter will was von mir. Wann soll ich denn das bloß erledigen?«

Also müssen Sie ihm ein bisschen Mut machen, damit er motiviert Ihren Wunsch erfüllt. Und motiviert kann man nur sein, wenn man sieht, was es einem nützt. Niemand tut etwas, was ihm nicht nützt. Und wenn, dann nur widerwillig und unter Androhungen. Gemacht wird nur, was belohnt wird. Also müssen Sie dem Chef zeigen, was es ihm bringt, wenn er Ihren Wunsch erfüllt:

»Ich glaube, dass ich viel daraus lernen kann, wenn Sie mir nach jedem Projekt sagen, was Sie von meiner Arbeit halten. Und das kommt dann jedem neuen Projekt zugute. Ich werde schneller und besser.«

»Wenn Sie mir bei der Auftragsvergabe auch nur zehn Minuten gönnen, sparen wir uns am Auftragsende einige Stunden Ärger ein, wie wir ihn jetzt hatten. Finden Sie nicht, dass sich das lohnen würde?«

Wenn der Chef sieht, dass Ihr Wunsch auch ihm etwas nützt, dann erfüllt er ihn viel wahrscheinlicher, als wenn es nur eine lästige Extrawurst ist, die ihm nichts bringt. Wenn er Ihren Wunsch erfüllt, gewinnen Sie. Zeigen Sie ihm, wie auch er dabei gewinnt. So stellen Sie eine Win-win-Situation her. Beide gewinnen, also wird Ihr Wunsch mit hoher Wahrscheinlichkeit erfüllt.

Wo sind die Grenzen?

Wenn ich angeln will, nutzt die teuerste Rute nichts, wenn kein Gewässer in der Nähe ist. Jede Technik hat ihre Grenzen. Auch das Sandwich-Feedback.

Selbst technisch einwandfreies, konstruktives Feedback vertragen nicht alle Vorgesetzten. Ist Feedback in Ihrem Unternehmen überhaupt üblich? Definieren sich Ihre Manager noch als allwissende Feudalherren mit unbeschränkter

Allgewalt oder bereits als Führungskräfte? Beantworten Sie sich diese Frage, um vorab den Pegel Ihres Feedbacks abzustimmen: Wie viel Feedback verträgt mein Vorgesetzter? Diese Einschätzung setzt ein gutes Auge voraus. Denn die Feedback-Schwelle ist nicht nur von Unternehmen zu Unternehmen, sondern auch von Chef zu Chef, ja sogar von Situation zu Situation unterschiedlich.

Experimentieren Sie!

Menschen sind keine Eierkuchen. Deshalb funktionieren Rezepte bei Menschen nicht immer und nicht immer gleich. In der Regel funktionieren Ich-Botschaften und andere Techniken. In der Regel. Es gibt Ausnahmen. Vielleicht ist Ihr Chef heute besonders mies drauf. Vielleicht ist gerade ein Großkunde abgesprungen. Die Bedingungen ändern sich ständig. Sie gehen äußerst behutsam vor, und trotzdem bellt der Chef Sie an.

Sie kennen aber auch den umgekehrten Fall. Da verhält sich ein Kollege völlig selbstmörderisch, macht dem Chef Vorwürfe und tut alles, damit der Konflikt noch eskaliert. Doch der Chef bleibt ganz ruhig und konstruktiv und lächelt dabei sogar! Er ist heute eben super drauf. Menschen sind keine Maschinen und können in ihrer Reaktion auf unser Verhalten deshalb nicht exakt vorausberechnet werden. Das heißt, womit Sie beim einen Gegenüber Erfolg haben, kann beim anderen oder beim selben Gegenüber in einer anderen Situation völlig danebenliegen. Sie können also nie mit Sicherheit voraussagen, wie Ihr Chef auf Ihre Versuche reagieren wird, ihn zu erziehen. Ziemlich blöd, nicht?

Im Gegenteil, das ist ziemlich gut. Denn Sie brauchen sich nie den Kopf darüber zu zerbrechen, wie Ihr Chef auf Ihre Ich-Botschaft reagieren wird: Sie sehen es ja! Das ist das Wunderbare am Nach-Oben-Führen, ja an jedem menschlichen Kontakt. Ob Sie sich »richtig« verhalten haben, ob Ihre Ich-Botschaft gut rüberkam, ob Sie die Problemursache klar und deutlich kommuniziert haben, ob Ihre Anstrengung ausreicht, Ihren Chef entscheidend zu beeinflussen – all das können Sie direkt an Ihrem Chef ablesen. Nämlich an seiner Reaktion.

Wenn Ihr Chef sagt: »Oh, das ist mir noch gar nicht aufgefallen, aber das stimmt natürlich, das stellen wir sofort ab …«, dann hat Ihr Versuch voll funktioniert. Wenn der Chef aber sagt: »Was reden Sie denn da für dummes Zeug?«, dann heißt das: Zurück zu Feld 1, von vorne, versuchen Sie's noch mal. Ihr Chef selbst gibt Ihnen Rückmeldung, ob Ihr Versuch, ihn zu beeinflussen, im Sinne Ihres Zieles erfolgreich war. Könnte es eine bessere Trefferanzeige geben?

Überraschung: Ihr Chef gibt Rückpass!

Sandwich-Feedback zu geben macht Spaß. Wo Sie früher einfach so drauflosgeredet haben und ein Eigentor nach dem anderen schossen, agieren Sie jetzt wie ein Stardirigent –

überlegen und technisch brillant. Manchmal passiert Ihnen sogar ein Glücksfall: Sie geben Feedback, und der Chef gibt Feedback zurück!

Natürlich gibt der Chef immer Feedback. Er kann gar nicht anders. Um ein geflügeltes Wort abzuwandeln: Man kann nicht nicht Feedback geben. Selbst wenn Ihr Chef schweigt wie ein Fisch, ist das ein beredtes Zeichen … Er gibt zwar kein Sandwich-Feedback, denn das kann ein Problemchef meist nicht, sonst wäre er kein Problemchef – aber er erwidert irgendetwas auf Ihr Sandwich-Feedback. Beispielsweise sagt Katrin Krügers Chef: »Frau Krüger, reden Sie kein dummes Zeug. Fragen Sie mir keine Löcher in den Bauch. Wenn Sie Fragen zum Auftrag haben, weshalb fragen Sie dann nicht den Kunden oder die Dispo?« Peng, das sitzt.

Katrin Krüger rastet daraufhin völlig aus. Sie hat sich solche Mühe mit ihrem schwer erlernten Sandwich-Feedback gegeben, und was tut der Chef, dieses Scheusal? Er geht mit dem Bulldozer drüber. Katrin Krüger hat einen Rückfall und schreit ihren Chef an. Das ist verständlich – aber es ist trotzdem ein Eigentor.

Phil Collins singt: »Always hear both sides of the story.« Was der Chef gerade gesungen hat, war seine Seite der Story. Natürlich ist sein Feedback unter aller Kanone. Er beleidigt Katrin Krüger. Aber dafür gibt es einen Grundsatz aus der Feedback-Technologie: »Selbst am bösartigsten Feedback ist noch ein Körnchen Wahrheit.« Hier ist es die Frage: Ja, warum fragt Frau Krüger nicht die Dispo? Weil sie das bislang gar nicht wusste. Natürlich löst das nicht das Problem, dass die Kolleginnen im oberen Stockwerk bevorzugt behandelt werden. Aber es ist ein toller Tipp, wie sich Katrin Krüger zukünftig fehlende Informationen einholen kann. Wenn sie sich aber nur über das blöde Feedback aufregt, bemerkt sie den Tipp gar nicht.

Kurz: Nutzen Sie Feedback – egal in welch unqualifizierter Form es Ihnen entgegenschlägt.

Change it, leave it or love it

Haben Sie bei den ersten Seiten des Buches geseufzt: »Mein Chef ist jenseits von Gut und Böse. Den ändert keiner mehr«? Das können Sie nun besser einschätzen. Wenn Sie wirklich alles versucht haben, was Sie zwischenzeitlich gelesen haben, was Sie noch lesen werden und was Sie aus der Kindererziehung wissen, dann können Sie die Flinte guten Gewissens ins Korn werfen.

Es gibt Probleme, die können Sie ändern – dann ändern Sie sie (change it). Es gibt Chefs, die können Sie nicht ändern. Wenn Sie wirklich alles versucht haben und Ihr Chef immer noch stur wie ein Esel bleibt, dann erst können Sie sagen: »Mein Chef ist unverbesserlich.« Manche – aber das sind wirklich nicht viele – Chefs sind ja wirklich therapiebedürftige Neurotiker. Aber selbst dann haben Sie noch die Wahl. Sie können kündigen (leave it). Und zwar mit gutem Gewissen. Denn Sie wissen ja, dass Sie alles versucht haben, was möglich war. Oder Sie können versuchen, die Situation so zu akzeptieren, wie sie ist (love it). Kinder sind darin echte Spitze. Während Sie sich ärgern, dass ausgerechnet das Wochenende wieder verregnet ist, sagt die kleine Susi: »Au fein, gehen wir jetzt ins Kino?« Man kann auch aus bescheidenen Situationen noch das Beste machen, indem man sich mit dem Unabänderlichen arrangiert – das ist (Über-)Lebenskunst. Wichtig ist, dass Sie unterscheiden lernen: Was ist in der gegebenen Situation angezeigt – change it, leave it or love it?

Eigentlich heißt der Spruch ja: Change it, leave it or love it – but do it! Man kann auf ein Problem eine der drei Strategien anwenden, dann kommt immer eine Verbesserung heraus. Aber es heißt: but do it! Wer keine der drei Optionen nutzt, hat wirklich Probleme. Solche Leute erkennt man daran, dass sie stundenlang über ihren Chef jammern, aber weder ernsthaft und s.m.a.r.t. etwas zu ändern versuchen noch sich nach Alternativen umsehen, noch sich in der Situation einrichten. Solche Menschen haben wirklich ein Problem: Wer jammert, ändert nicht.

»Menschen erschrecken nicht über Dinge, sondern über ihre Sicht der Dinge.«

SENECA

»Aus der Bauchlage sieht jeder Maulwurfshügel wie ein Gebirge aus.«

NOSRAT PESESCHKIAN

Ihr Chef macht Sie runter

Mein Chef ist so gemein!

Was stört Sie eigentlich am meisten an Ihrem Chef? Eine häufige Antwort auf diese Frage ist: ungerechtfertigte Kritik. Sie kennen das vielleicht. Sie brüten gerade über einer besonders diffizilen Aufgabe, da öffnet sich die Tür und der Chef macht Sie aus heiterem Himmel zur Schnecke. Das ist niederschmetternd, buchstäblich: »Wie ein Schlag in die Magengrube«, sagen Betroffene häufig. Fast alle Menschen nehmen Kritik sehr persönlich, fühlen sich angegriffen und gehen in die Defensive.

Natürlich nimmt man sich Kritik zu Herzen. Manche nehmen sich Kritik jedoch allzu sehr zu Herzen. Sie nehmen sie als Beweis für die eigene Unzulänglichkeit: »Der Chef hat ja recht. Ich habe Mist gebaut.« Das kennen Sie inzwischen (aus dem Kapitel »U – wie Ursachensuche«, S. 56), das ist Stil III, der Stil des Selbstlosen: Die anderen haben immer recht. Anders der Selbstdarsteller (Stil I). Er schluckt die Kritik vom Chef, geht raus und erzählt seinen Kollegen: »Inkompetent, völlig inkompetent der Mann, der hat ja keine Ahnung. Und so etwas wird Abteilungsleiter!« Selbstdarsteller hauen direkt oder indirekt zurück. Nur so können sie ihr schwaches Selbstwertgefühl aufrechterhalten.

Der Anteillose (Stil II) geht prekären Situationen möglichst aus dem Weg. Und wenn der Chef ihn trotzdem mal erwischt, kratzt ihn das kaum. Er nimmt daran keinen Anteil. Es interessiert ihn nur schwach, was andere über ihn denken. Er hat »ein dickes Fell«. Beneidenswert, nicht? Das ist auch das, was uns Freundinnen und Kolleginnen raten, wenn wir ihnen unser Leid klagen: »Nimm dir das doch nicht so zu Herzen. Lass dir halt ein dickes Fell wachsen!« Wie gut ist dieser Rat?

Ein dickes Fell ist nicht das Wahre

Ein dickes Fell hat einen entscheidenden Nachteil. Es ist die typische Symptomtherapie. Da kommt einer rein, wirft Ihnen ein paar Nettigkeiten an den Kopf und verschwindet wieder. Wenn Sie ein wirklich dickes Fell haben, dann blenden Sie den ganzen leidigen Vorfall einfach aus und bleiben ruhig auf Ihrem Stuhl sitzen. Zwei Minuten später sinkt die Titanic.

Das Dumme ist, dass selbst in der überzogensten Kritik 10 Prozent Wahrheit versteckt sind. Selbst wenn Ihr Chef ein echter Choleriker ist, gibt es einen konkreten Anlass, der ihn aufgebracht hat. Wenn Sie diesen Anlass nicht erkennen und sich nicht um ihn kümmern, dann eskaliert die Sache irgendwann so weit, dass wirklich etwas Schlimmes passiert oder der Chef Ihnen den Stuhl vor die Tür setzt. Sich ein dickes Fell wachsen zu lassen ist also eine Art, mit Kritik umzugehen, die streng nach Eigentor riecht. Das Geheimnis, mit ungerechtfertigter Kritik fertig zu werden, liegt nicht darin, sie so gut wie möglich zu ignorieren, sondern konstruktiv mit ihr umzugehen. Es müsste also eine Möglichkeit geben, die 90 Prozent Beleidigung herauszufiltern und nur die 10 Prozent Wahrheit zu hören. Muster dafür könnte ein Sketch von Didi Hallervorden sein:

»Sie dumme Sau, Sie sind ja völlig unfähig!«

»Sie meinen, Sie sind unter Umständen nicht ganz zufrieden mit meiner Arbeit?«

Je dicker die Kritik, desto größer der Abstand

Kennen Sie Kolleginnen, die auch noch bei der unhöflichsten Kritik seelenruhig dasitzen und ganz sachlich mitreden? Es gibt solche Menschen. Wie machen die das bloß? Nun, sie lassen einfach nur den 10-Prozent-Sachkern der Kritik an sich heran. Die beleidigende 90-Prozent-Verpackung ignorieren sie. Sie schaffen es, in einer hochemotionalen Atmosphäre völlig »cool« zu bleiben. Ein Kunststück? Vielleicht; aber eines, das auch Sie schon hingekriegt haben.

Erinnern Sie sich an einen Ihrer Kinobesuche oder an einen Fernsehabend. Es lief gerade eine schreckliche Schnulze. Ihre Partnerin schniefte unüberhörbar, während Sie innerlich völlig unberührt murmelten: »Gott, wie schmalzig.« Ihre Partnerin war mittendrin dabei, sie stand quasi mitten in der Szene, während Sie ganz deutlich die zwei Meter Distanz zwischen sich und dem Bildschirm sahen. Dasselbe gilt mit umgekehrten Vorzeichen für die Bundesliga-Berichterstattung am Samstagabend. Ihr Partner steht mitten im Strafraum, während Sie gar nicht fassen können, wie man sich über ein zielloses Gerenne auf einer umgepflügten Wiese so aufregen kann. Er steht mittendrin, Sie haben die Distanz. Das funktioniert unbewusst vor dem Fernseher. Also warum sollte es nicht bewusst vor dem Chef funktionieren? Einige Kolleginnen machen es ja vor. Und vielleicht ist es Ihnen auch schon gelungen, den Chef wie von ganz weit her reden zu hören. Das muss kein Einzelfall sein. Das ist trainierbar.

Ein Fallbeispiel

Menschen, die auch bei heftigster Kritik ganz sachlich bleiben, schauen sich das, was der andere kritisiert, wie einen Film von außen an, anstatt sich mitten in den Film hineinziehen zu lassen. Wie so etwas funktioniert, und wie Sie es ganz bewusst einsetzen können, schauen wir uns am Protokoll einer Coachingsitzung an. Der Klient, nennen wir ihn Dr. Tietz, ist Assistent des Vorstandes eines deutschen Konzerns. Solche Positionen sind begehrt, da sie als Karrieresprungbrett gelten. Dr. Tietz ließ sich von mir coachen, weil er heftige Probleme mit seinem Chef hatte.

Coach: Bitte schildern Sie Ihr Problem.

Klient: An und für sich macht mir meine Arbeit Spaß. Ich denke, dass ich hier sehr viel lernen kann. Doch wie mein Vorgesetzter mit mir umgeht, macht mir inzwischen sehr zu schaffen. Wenn er mich, was in letzter Zeit immer häufiger passiert, mal wieder aus heiterem Himmel kritisiert, habe ich das Gefühl, wie ein dummer Schulbub dazustehen, und weiß nichts zu sagen. Am meisten ärgere ich mich dabei über mich selbst, weil ich mich nicht wehre. Seine Kritik ist zwar manchmal berechtigt, aber sehr häufig lässt er auch Sachen an mir aus, zu denen ich gar nichts kann. Ich habe inzwischen das Gefühl, je mehr ich die Kritik einfach schweigend hinnehme, desto mehr bekomme ich ab. Wie gesagt, das passiert in letzter Zeit immer häufiger.

Coach: Was heißt das?

Klient: Bestimmt einmal in der Woche. Und ich weiß einfach nicht, wie ich mich in so einer Situation anders verhalten könnte. Ich habe nämlich Angst, wenn ich etwas erwidere, wird's nur schlimmer.

Coach: Was genau wünschen Sie sich denn? Wann wären Sie mit Ihrem Verhalten in so einer Situation zufrieden?

Klient: Wenn es mir gelänge, gelassener zu bleiben, vielleicht auch etwas zu antworten, auf jeden Fall mich hinterher nicht so elend zu fühlen. Sie müssen wissen, dass ich seit ungefähr vier Monaten Schlafstörungen habe und auch Beruhigungstabletten nehme vor lauter Angst.

Coach: Okay, Sie wollen sich also hinterher gut fühlen, so dass Sie auch in der Nacht wieder gut schlafen können.

Klient: Ja, ich möchte mich in der Situation, wo ich kritisiert werde, selbstsicher fühlen.

Coach: Gibt es etwas, das gegen selbstsicheres Verhalten im Umgang mit Ihrem Chef sprechen könnte?

Klient: O ja, sicher, wenn ich durch Selbstsicherheit dann meine Stelle verlieren würde, wäre das nicht gerade das, was ich erreichen wollte.

»Je gewichtiger die Dinge, desto größer sollte der Abstand zu ihnen sein.«

Goethe

Coach: Ich möchte mit Ihnen jetzt eine Technik durchgehen, mit der es Ihnen gelingt, Ihre unangenehmen Gefühle draußen zu lassen. Kennen Sie das, wenn Ihnen ein

Bekannter von irgendeinem Vorfall erzählt und Sie während der Erzählung sich das wie einen Film vorstellen?

Klient: Ja klar, das kenne ich.

Coach: Gut, genau das werden Sie jetzt gedanklich mit mir durchspielen, nämlich, wie Sie einen Film von außen ansehen. Vielleicht können Sie sich als Bildschirm einen Pocketfernseher vorstellen, den Sie wie eine Uhr am Handgelenk tragen? (Nickt.) Gut, dann ist es zunächst wichtig, dass Sie den Kritik-Fernseher einschalten, nämlich genau dann, wenn Ihr Chef seine übliche Kritik-Vorwarnung gibt. Wie kündigt er denn seine Kritik üblicherweise an?

Klient: Er sagt: »Ich würde Sie gern mal einen Moment sprechen.« Da weiß ich dann sofort: Oje, jetzt kommt's.

Coach: Gut, sobald dieser Signalsatz fällt, schalten Sie Ihren Monitor ein. Eingeschaltet? (Nickt.). Gut. Ihre Aufgabe ist nun, sich alles, was Ihr Chef an Ihnen kritisiert, als Film vorzustellen. Wenn er also sagt: »Ihr Schreibtisch sieht unmöglich aus«, dann stellen Sie sich den Schreibtisch vor, Ihren Chef, wie er das sagt, und sich selbst, wie Sie dasitzen und zuhören.

Klient: Das ist nicht leicht, ich springe dabei dauernd in die Szene hinein, ich sehe nur noch meinen Chef, als ob die Kamera aus meinen Augen schauen würde.

Coach: Ja, das benötigt ein wenig Übung.

Klient: Außerdem ergibt vieles, was der Chef kritisiert, überhaupt kein Bild. Er sagt zum Beispiel: »Sie sind ja so schusselig.« Ich weiß nicht einmal, was er damit meint.

Coach: Ja, das ist jetzt Ihre Aufgabe als Regisseur. Sie müssen einen Film daraus machen. Leute, die kritisieren, kritisieren meist sehr sprunghaft und pauschal. Also müssen Sie das Drehbuch mit entsprechenden Fragen vervollständigen. Fragen Sie beispielsweise: »Wann bin ich in Ihren Augen schusselig? Was genau mache ich, dass ich schusselig wirke?« Erst wenn die Antwort ein Bild ergibt, das Sie sehen können, stimmt der Film. Spielen Sie eine fiktive Kritiksituation einfach einmal nach diesem Muster durch: Bild konstruieren – nachfragen – Bild konstruieren. (Macht das.) Versetzen Sie sich jetzt in Ihren Chef. Wie, glauben Sie, wirken die Fragen auf ihn?

Klient: Ich glaube sehr gut. Als Chef hätte ich den Eindruck, mein Mitarbeiter nimmt meine Äußerungen sehr ernst. Als Chef würde mir diese Reaktion gefallen.

Coach: Gut, dann kommt der nächste Schritt. Sie haben auf Ihrem Monitor jetzt den Film Ihres Chefs gesehen. Sie wissen jetzt, was ihn gestört hat. Sie können ihm an dieser Stelle, wenn Ihnen danach ist, auch für sein Feedback danken, beispielsweise: »Danke, dass Sie mich darauf aufmerksam machen.« Aber jetzt schauen Sie sich Ihren eigenen Film an, so wie Sie die Situation erlebt haben. Auch diesen Film schauen Sie sich auf einem Pocketmonitor an, auf einem Monitor an Ihrem anderen Handgelenk. Klappt's? (Nickt.) Sie sehen, die eigene Sichtweise haben Sie sehr schnell parat. Das dauert gerade mal ein paar Sekunden. Jetzt haben Sie zwei Filme zum gleichen Vorfall. Vergleichen Sie beide miteinander. Was ist gleich? Was ist unterschiedlich? Welchem Teil der Kritik können Sie zustimmen? Sagen Sie das Ihrem Chef. Beginnen Sie mit dem Teil der Kritik, dem Sie zustimmen.

Sie können sich für diesen Teil, den Sie ja genau so wie Ihr Chef sehen, entschuldigen oder ihm lediglich sagen, dass Sie seine Reaktion gut verstehen. Dann stellen Sie aber auch den Teil dar, den Sie anders erlebt haben. Achten Sie dabei aber darauf, dass Sie nicht diskutieren, was richtig oder falsch ist. Stellen Sie lediglich Ihren Blickwinkel dar, beispielsweise so: »Aus meiner Sicht allerdings …« Es ist ganz gut, wenn Sie nun noch darlegen, worauf Sie in Zukunft verstärkt achten wollen. Wenn Sie dafür Unterstützung von Ihrem Chef brauchen, dann lassen Sie ihn auch dies wissen. (Der Klient spielt die ganze Kritikszene mehrmals mit Monitoren, Nachfragen und seinen Äußerungen gedanklich durch.) Wie geht es Ihnen jetzt gefühlsmäßig?

Klient: Das hat gerade prima funktioniert. Ich habe tatsächlich alles sehr ruhig und überlegt anhören können. Wenn ich so in Wirklichkeit reagieren könnte, das wäre zu schön, um wahr zu sein.

»Gefühle sind eine Frage der Distanz.«

Louise L. Hay

An dieser Stelle habe ich dann mit Dr. Tietz den Ablauf noch mehrmals gedanklich geübt. Er versprach, die Technik in den nächsten Tagen privat wie auch mit seinen Kollegen zu üben. Wir verabredeten einen weiteren Termin für die darauf folgende Woche. Nach vier Tagen rief er mich ganz aufgeregt im Büro an. Es habe wirklich toll geklappt: »Ich hatte gar nicht geglaubt, dass es mit meinem Chef hinhauen würde. Dies war das erste vernünftige Gespräch seit sehr langer Zeit. Ich glaube, ich bin in seiner Achtung gestiegen. Ich war schon seit Langem nicht mehr so stolz auf mich.« Wir haben den Termin für die darauf folgende Woche gestrichen.

Nehmen Sie Abstand

Was Dr. Tietz kann, können Sie auch. Denken Sie mal an eine unangenehme Situation mit Ihrem Chef. »Eine?«, fragen die Teilnehmer in meinen Seminaren mit gequältem Lächeln, »mir fallen auf Anhieb ein Dutzend ein.« Entscheiden Sie sich für diejenige, die Ihrer Ansicht nach die unangenehmere war. Sehen Sie die Situation vor Ihrem geistigen Auge? Dann gehen Sie noch einmal ganz in diese Situation hinein und hören Sie wieder Ihren Chef sprechen, so wie er vor Ihnen sitzt oder steht. Wie laut ist er? Welche Worte benutzt er? Erleben Sie die Situation als Virtual Reality wie in einem Zeitsprung noch einmal. Mit allem, was Sie damals gehört, gesehen, gerochen und empfunden haben. Was fühlen Sie? Dumpfes Gefühl in der Magengrube, Pochen hinter der Stirn, feuchte Hände, Kloß im Hals oder Herzklopfen? Brrr, schaurig, nicht?

Und jetzt wechseln Sie mit einem Sprung Ihre Perspektive. Schauen Sie sich nun von außen selbst zu. Sie sehen sich und Ihren Chef quasi als Ihr eigener Beobachter oder Filmzuschauer an. Sehen Sie sich selbst in dieser Situation? Wie sitzen oder stehen Sie? Welche Mimik, welche Gestik können Sie wahrnehmen? Können Sie aus dieser Beobachterposition sich selbst sprechen hören? Sprechen Sie schnell oder langsam? Mit hoher oder tiefer Stimme? Was fällt Ihnen aus dieser Perspektive auf?

Sie haben nun die Mittendrin-Sichtweise erlebt und die Beobachter-Sichtweise gesehen. Sie werden feststellen, dass Gefühle nicht möglich sind, wenn Sie die Situation – wie eine schnöde Schnulze oder das Samstagabend-Gekicke – aus der Distanz des Beobachters sehen. Und Sie werden möglicherweise festgestellt haben, dass das Problem dabei ist, dass Sie immer wieder in die Mittendrin-Sichtweise hineingezogen werden, auch wenn Sie eigentlich nur beobachten wollen. Der Sog der Geschehnisse ist stark, aber überwindbar.

Das heißt, Sie haben es selbst in der Hand, wann Sie eine Situation mit Gefühlen erleben wollen und wann Sie den Überblick von außen für angemessen halten. Viele von uns leben, was diese Wahl angelangt, etwas masochistisch. In unangenehmen Situationen sind wir mittendrin und kosten alles Elend aus. In schönen Situationen, die wir eigentlich genießen wollten, stehen wir daneben und betrachten alles von außen. Kritik erleiden wir, Anerkennung betrachten wir mit Abstand. Ziemlich verrückt, nicht?

Die Monitor-Technik auf einen Blick

Wenn Sie lernen wollen, Kritik nicht mit dem Magen entgegenzunehmen, dann machen Sie es wie Dr. Tietz. Denken Sie sich eine zukünftige unangenehme Kritiksituation mit Ihrem Chef aus und wenden Sie die Technik an:

1. Projizieren Sie die Kritik des Chefs auf einen Handmonitor.
2. Hinterfragen Sie, wenn die Kritik lückenhaft ist und keinen Film ergibt.
3. Eventuell bedanken Sie sich für die Rückmeldung.
4. Betrachten Sie Ihre eigene Sichtweise auf einem Monitor an Ihrer anderen Hand und vergleichen Sie beide Filme.
5. Geben Sie Ihrem Chef Rückmeldung zuerst über die Gemeinsamkeiten der Filme: »Das sah auch ich so …«
6. Zeigen Sie Verständnis für die unterschiedlichen Sichtweisen, aber stellen Sie die eigene klar und sachlich dar.
7. Zeigen Sie mögliche Konsequenzen: »Künftig werde ich mehr auf … achten.« »Es war wichtig für mich, zu erfahren, wie Sie über … denken.«

Üben Sie diese Technik erst einmal in Situationen, die nicht ganz so stressig sind. Also bei Kritik von Freunden, von der Familie, von Kolleginnen. Sie werden dabei einen angenehmen Nebeneffekt beobachten: Sie verbessern damit die Beziehung manchmal ganz ungemein.

Sie werden feststellen, dass die Monitor-Technik schnell zur zweiten Natur wird und bald vollautomatisch bei Ihnen abläuft. Ihr Übersetzungsprogramm läuft simultan. Noch während der Chef spricht, sehen Sie fast gleichzeitig beide Filmversionen und legen sich schon Ihre Erwiderung zurecht. Das macht richtig Spaß. Vor allem, wenn Sie erleben, wie ehedem katastrophale Gespräche jetzt wie am Schnürchen schnurren und Ihr Chef Dinge sagt wie: »Sie machen sich glänzend.« Dabei weiß er/sie meist nicht einmal, woran das liegt. Das ist wahre Kunst.

Wenn Sie die Monitor-Technik nach genügend Übung mit anderen Partnern bei Ihrem Chef praktizieren, sind Sie im Stil IV: Sie kommunizieren partnerschaftlich. Sie würdigen seinen Standpunkt, nehmen aber Ihre Sichtweise genauso ernst. Sie machen weder sich noch Ihren Chef größer, als Sie sind oder er ist. Sie kommunizieren nicht von oben runter oder von unten rauf, sondern auf derselben Ebene. Diese Art der Kommunikation ist die Basis für eine gute Zusammenarbeit.

Auch Chefs brauchen Ziele

Man kann nicht nicht kommunizieren, sagt das geflügelte Wort. So gesehen sind alle Probleme, die Sie mit Ihrem Problemchef haben, Kommunikationsprobleme. Sie sagen was, und er geht die Wand hoch. Er sagt was, und Sie gehen die Wand hoch. Er sagt nichts, wo er etwas sagen sollte, oder Sie sagen nichts, wo Sie etwas sagen sollten – und wieder geht einer die Wand hoch. In drei Worten: Das Feedback entscheidet.

Wie Sie konstruktives Feedback geben und auch aus schlechtem Feedback noch etwas Konstruktives herausfiltern können, haben wir uns in diesem und im letzten Kapitel ausführlich angeschaut. So ausführlich, weil es so wichtig ist. 99 Prozent aller Konflikte am Arbeitsplatz und im Privatleben werden durch falsches Feedback ausgelöst. Sobald Sie die Kunst des konstruktiven Feedbacks zu üben beginnen, werden Sie die positiven Effekte spüren: Alle Beziehungen, auf die Sie Ihre Kunst anwenden, verbessern sich. Oft sogar dramatisch.

Manchmal ist es jedoch nützlich, selbst auf ein gutes Sandwich-Feedback noch einen Turbolader draufzupacken, um eine Verhaltensänderung auszulösen. Wir wissen ja, wie schwer es uns allen fällt, uns wirklich dauerhaft zu ändern. Dauernd sagen Sie Ihrem Chef, was Sie stört, wie Sie sich dabei fühlen und was Sie sich wünschen – die W^3 –, und obwohl der Chef jedes Mal idealerweise meint, »O ja, das müssen wir machen«, kommt er nicht so recht in die Gänge. Er will vielleicht schon, aber er kann nicht. Das kommt uns bekannt vor: Ein frommer Wunsch ist noch lange kein klares Ziel. Erinnern Sie sich an s.m.a.r.t. (Kapitel »S – wie Smarte Ziele«, S. 69)? Wenn Sie einen Wunsch haben, ist es nützlich, wenn Sie ihn gegenüber Ihrem Chef wie ein Ziel formulieren. Insbesondere, was das m wie »messbar« anbelangt.

»Es wäre schön, wenn Sie mehr Zeit für die Auftragsübergabe hätten« ist zwar ein Wunsch nach den Prinzipien des Sandwich-Feedbacks. Aber er riecht nach frommem Wunsch, weil die m-Komponente fehlt. Der neue Auftrag kommt, der Chef übergibt ihn im Vorbeiflug, und wenn Sie ihn säuerlich darauf ansprechen, sagt er ganz unschuldig: »O, habe ich ganz vergessen.« Und das kann man ihm nicht einmal übel nehmen. Denn das Ziel war unklar formuliert.

»Ich habe einen Wunsch. Wenn Sie das nächste Mal einen Auftrag für mich haben, könnten Sie mich dann hereinrufen? Wir machen die Tür zu und klären in 10 Minuten alles, was ich wissen muss. Ist das machbar?« So formuliert ist der Wunsch ein ganz klar messbares Ziel: hereinrufen, Tür zu, 10 Minuten. Und darauf kommt es an.

Der Wunsch an Ihren Vorgesetzten muss messbar sein. Also sagen Sie ihm, woran Sie beide erkennen können, dass Ihr Wunsch in Erfüllung gegangen ist. Schildern Sie den Zielzustand. Außerdem bedenken Sie bitte das r wie »realistisch«. Selbst wenn Sie eine halbe Stunde für eine saubere Auftragsübergabe bräuchten – wie realistisch ist dieser Wunsch? Hat ein Vorgesetzter überhaupt jemals so viel Zeit auf einmal? Ein erfüllter Wunsch ist immer besser als ein nicht erfüllter. Also setzen Sie Ihrem Vorgesetzten realistische Ziele. Sie können die Messlatte später immer noch höher legen. Auch die Leistung von Vorgesetzten ist ausbaufähig.

Für größere Wünsche ist es optimal, wenn Sie darüber hinaus mit Ihrem Chef vereinbaren, dass Sie nach einer gewissen Zeit nochmals mit ihm sprechen wollen. Beispielsweise: »Könnten wir kurz vor der Zwischenpräsentation noch einmal über das Thema reden?« Dann wissen beide, dass keiner das Thema einfach so unter den Tisch fallen lassen kann, denn es kommt ja automatisch wieder hoch.

Wenn der Termin kommt, an dem Sie mit Ihrem Chef

nachsehen wollen, ob das Ziel erreicht wurde, dann scheuen Sie sich nicht, ihm Anerkennung auszusprechen, wenn er sich wirklich geändert hat: »Herr Schmidt-Kleinfeld, wenn Sie mich jetzt briefen, dann bleibt keine Frage offen. Ich spare jedes Mal einen halben Tag, und die Aufträge laufen viel schneller und glatter.«

Auch Vorgesetzte brauchen Anerkennung. Sie werden feststellen, wie positiv Ihr Chef darauf reagiert. Man kann und sollte Vorgesetzte nämlich auch mit Anerkennung führen. Anerkennung verstärkt das gewünschte Verhalten und verbessert die Beziehung. Schwache Chefs leiden häufig unter mangelnder Anerkennung. Geben Sie sie ihm. Es wird nicht zu Ihrem Schaden sein. Sie sichern damit, dass Ihr Wunsch auch künftig vom Chef erfüllt wird. Denn auch er macht, was belohnt wird.

Den Chef anerkennen? Wieso?

Natürlich ist die Vorstellung, seinem Chef Anerkennung zu geben, für manche Menschen aus zwei Gründen problematisch. »Wieso soll ich anerkennen? Der Chef soll mir Anerkennung geben, dazu ist er doch da!« Sagt wer? Das sagt die innere Stimme, die uns in der Kinderrolle festhält. Wir warten darauf, dass uns Papa den Kopf streichelt. Und da sitzen wir nun und warten und warten und warten. Das ist ziemlich kindisch, aber schließlich hat auch die Kinderrolle ihre Vorteile: Man ist klein, sicher und behütet. Die Kinderrolle hat leider einen entscheidenden Nachteil: Mit Verweigerung kann man keine Probleme lösen. Wer seinem Chef die Anerkennung verweigert, provoziert ihn dazu, sich die Anerkennung mit autoritärem Verhalten zu holen (z. B. mit Stil I). Wer richtiges Feedback geben will, also auch seinen Chef gelegentlich anerkennen möchte, muss daher raus aus der Kindrolle. Und das schafft man nur mit einem gesunden Selbstvertrauen (s. Kapitel »Gesundes Selbstvertrauen«, S. 178 ff), was ein altes Prinzip bestätigt: Die beste (Feedback-)Technik nützt wenig, wenn man zu wenig Selbstvertrauen hat.

Der zweite Grund, weshalb Anerkennung für Chefs oft schiefläuft, ist die Radlerei. Radfahren ist nicht dasselbe wie Anerkennung geben. Es gibt Menschen, die glauben, den bösen Boss mit Pauschallob besänftigen zu können. Das ist durchaus verständlich. Aber mit Pauschallob kann man die Erfüllung seines Wunsches nicht fördern. Wir loben ja nicht als Selbstzweck. Wir geben dem Chef Anerkennung, damit er unsere Wünsche weiter erfüllt. Denn wenn wir's unterlassen, denkt er: »Zuerst will er was von mir, und wenn ich's dann tue, dann macht er keinen Mucks. Also kann es ihm nicht so wichtig sein!« Ich wiederhole mich: Gemacht wird, was belohnt wird.

Anerkennung ist keine Peitsche, mit der Sie Ihren Chef Männchen machen lassen können. Anerkennung ist ein stilles taktisches Mittel. Ohne großen Knalleffekt, aber mit tief greifender Wirkung.

Und Sie brauchen Ziele erst recht

Noch wichtiger ist die Zielvereinbarung, wenn nicht Sie etwas von Ihrem Chef wollen, sondern wenn der Chef etwas von Ihnen will. Natürlich gibt es Chefs, die sagen klipp und klar, was sie wollen – aber jene sind nicht Gegenstand dieses Buches. Die Problemchefs dagegen wissen nicht, was sie wollen – aber das wollen sie mit aller Macht. Erinnern Sie sich an den Chef von Dr. Tietz. Er warf Dr. Tietz vor: »Sie sind immer so schusselig.« Was zum Kuckuck meint er damit nur?

Wenn Dr. Tietz mit Hilfe der Monitor-Technik nachfragt und dabei herausbekommt, dass der Chef meint: »Sie rennen immer sofort los, wenn wir über ein Projekt reden, anstatt es bis zu Ende durchzudenken«, dann ergibt sich damit zwar das nötige Monitor-Bild – doch was will der Chef denn nun tatsächlich? Dr. Tietz weiß jetzt, dass er nicht »sofort losrennen« soll. Was soll er stattdessen tun? Ruhig dasitzen und Pfeifchen rauchen? Sein Chef sagt ihm das natürlich nicht, weil sein Chef keine Ahnung von s.m.a.r.t. hat, was bedauernswert, aber nun mal nicht zu ändern ist. Vielleicht hat er das falsche Seminar besucht … Egal, der Chef von Dr. Tietz hat einen Wunsch, aber er kann daraus kein klares Ziel formulieren. Also muss Dr. Tietz ihm dabei helfen.

Exkurs: Bin ich der Hüter meines Chefs?

Manche Menschen wollen ihren Chefs nicht helfen. Bezeichnend dafür ist die Äußerung einer 28-jährigen Layouterin, die auf den Vorschlag, ihrem schwammig daherredenden Chef bei der Zielformulierung zu helfen, völlig ausrastete: »Ich höre wohl nicht recht! Mein Chef ist ein Idiot und weiß nicht, was er von mir will, und ich soll ihm auch noch sagen, welche blödsinnigen Projekte er mir aufbrummen soll? Das ist nicht mein Job!« Und sie verwendete als Begründung ein beeindruckendes Bild: »Wenn ich mit einem Alkoholiker zusammenlebe, soll ich es dann sein, die die Psychopharmaka schluckt, um den Trinker aushalten zu können?« Wie gesagt, ein beeindruckendes Bild. Leider ist es das falsche.

Das sieht man schon daran, dass es nichts an der Situation ändert. Und, im Vertrauen gesagt, deshalb wird es auch verwendet. Wenn man nichts tut, weil alles aussichtslos ist, dann kann man so schön Opfer spielen. Die Frage, ob man seinem Problemchef aufs Pferd helfen soll, stellt sich überhaupt nicht. Die einzige Frage, die sich stellt, ist: Was passiert, wenn ich es nicht tue? Nichts. Und daran erkennt man sehr schnell, was die Layouterin verneint hat: Es ist recht wohl mein Job, meinen Chef zu führen. Und es ist der wichtigere von beiden. Natürlich ist es in erster Linie mein Job, Layout zu machen, Strickstühle zu bauen, Bankkunden zu betreuen oder was immer mein »eigentlicher« Job ist. Aber ich kann diesen Job 1 nur dann so machen, wie ich ihn machen will, wenn ich meinen Job 2 gut mache: meinen Chef führen. Job 2 determiniert Job 1. Und das betrifft nicht nur den Chef-Job. Ich kann auf Dauer meinen Job 1 nur dann gut machen, wenn ich ein Dutzend anderer Jobs gut mache: mich vernünftig ernähren, mich ab und zu bewegen, die Kolleginnen und Kollegen gut behandeln, die Kunden nicht vergraulen …

Natürlich verlangt niemand von uns, dass wir den ganzen Job unseres Chefs machen. Aber dort, wo sein Job an unseren grenzt, kann es uns doch niemand verübeln, wenn wir ein paar kluge taktische Züge machen, oder?

Helfen Sie Ihrem Chef bei der Zielvereinbarung

Wer seinem Chef hilft, dessen Ziele klar zu formulieren, hat selbst den größten Nutzen daraus. Man leidet nicht länger unter seinen schwammigen, unklaren Wünschen, denen man hinterherstrampeln, aber die man niemals erreichen kann. Also klären Sie ab. Das m-Kriterium ist dabei besonders wichtig: Wie merken Sie und Ihr Chef, dass der Wunsch des Chefs erfüllt wurde? Was genau muss Dr. Tietz tun, dass sein Chef nicht mehr behauptet, er sei »schusselig«? Sie könnten Ihren Chef beispielsweise fragen: »Woran würden Sie ganz konkret erkennen, dass sich etwas an meinem Verhalten/dem Problem geändert hat?«

Seien Sie nicht überrascht, wenn der Chef daraufhin bellt: »Blöde Frage, das merke ich natürlich daran …« Der Chef kann kein konstruktives Feedback geben. Er weiß gar nicht, dass er sich schwammig ausdrückt. Er lebt in der Illusion, dass alle Menschen schon wissen, was er meint. Deshalb ist er ja ein Problemchef. Oder wie ein Abteilungsleiter sagte: »Seien Sie nie überrascht, wenn ein Problemchef Probleme macht.« Egal, wie unflätig die Antwort ausfällt, sie ist ein erster Hinweis darauf, welche konkrete Zielerreichung der Chef eigentlich meint. Meist ist es wirklich nicht mehr als ein erster Hinweis. Denn natürlich gilt: »Unklare Rede, unklarer Sinn.« Wer ungenau redet, hat Ungenaues im Kopf. Viele Chefs können einfach nicht klar artikulieren, welches Ziel sie anstreben. Viele haben nämlich gar kein Ziel, sie verbreiten nur ziellosen Aktivismus. Also könnte der Zielklärungsdialog zwischen Dr. Tietz und seinem Problemchef folgendermaßen aussehen:

»Sie rennen immer sofort los, wenn wir über ein Projekt reden, anstatt das bis zu Ende durchzudenken.«

»Was heißt das konkret? Möchten Sie, dass wir bei Projektübergabe gemeinsam über das Projekt nachdenken?«

»Sind Sie bescheuert? Dafür habe ich keine Zeit! Dann kann ich das Projekt gleich selber machen! Das ist Ihre Aufgabe!«

»Soll ich mich also in mein stilles Kämmerlein zurückziehen und das Projekt überdenken?«

»Was Sie in Ihrem stillen Kämmerlein treiben, ist mir wurscht. Aber es soll nicht mehr so planlos sein!«

»Ah, Sie wünschen, dass ich vor Projektstart Ihnen einen detaillierten Projektvorgehensplan vorlege?«

»Ja natürlich, was glauben Sie denn, wovon ich die ganze Zeit rede?« (Dr. Tietz verkneift sich die Antwort: »Bisher haben Sie nur Unsinn geredet, mein Lieber« mit der Assoziation »Drei Wochen Südsee-Urlaub« und antwortet weniger spontan, dafür zielklärend:)

»Lassen Sie uns kurz über die Anforderungen an so einen Plan reden. Ich denke, dass Sie über Kapazitäten, Zeitlinie, Kosten und Qualitätsziele unterrichtet werden möchten?«

Und so nähert sich die Diskussion langsam der Erfüllung des m-Kriteriums: Messbare Ziele werden gesucht und gefunden. Manchmal kann das sehr zäh sein und dauern. Zielklärung ist harte Arbeit.

Aber ohne klare Ziele geht es nicht. Man könnte sogar behaupten, dass ein Großteil der Probleme, die ein Problemchef auslöst, daran liegt, dass der Problemchef keine klaren Ziele hat. Und das ist eine Katastrophe – für Sie! Denn egal, was Sie tun, der Chef wird immer sagen: »Seien Sie doch nicht so …« – was auch immer. Solange Sie – und vor allem er selbst – nicht wissen, was er eigentlich meint, werden Sie das Problem nie los. Die unklaren Ziele des Chefs zu klären, mag vielleicht etwas unangenehm sein. Viel unangenehmer werden aber die Konsequenzen, wenn wir das nicht tun.

Besonders wichtig für Ihre Zielklärung ist das r-Kriterium. In der Regel wollen Chefs nämlich immer mindestens doppelt so viel, wie wir leisten können. Also klären Sie: Ist das Ziel realistisch? Wenn nicht, geben Sie Feedback. Was? Dem Chef widersprechen? Ja, auch das kann man, vorausgesetzt, man hat das Selbstvertrauen dazu (s. Kapitel »Gesundes Selbstvertrauen«, S. 178 ff). Und auch das t-Kriterium macht häufig bei der Führung von Vorgesetzten Probleme.

Chefs

- wollen immer alles »möglichst gestern«,
- sagen bei längerfristigen Aufträgen nicht, bis wann sie den Abschluss erwarten,
- tun so, als hätten wir nichts anderes zu tun.

Natürlich ist Ihr Chef nicht begeistert, wenn er »morgen« und Sie »übermorgen« sagen. Aber er ist noch viel weniger begeistert, wenn Sie nicht über das t-Kriterium sprechen und er morgen überrascht bemerkt, dass es doch übermorgen wird.

»Ich glaube, das schaffe ich nicht.«
»Deshalb schaffst du es nicht.«

LUKE UND YODA IN »STAR WARS«

»Ob du nun glaubst, dass
dir etwas gelingt oder nicht,
du hast immer recht.«

HENRY FORD

Was glauben Sie?

Der Placebo-Effekt

Vielleicht kennen Sie Paul Watzlawicks Geschichte mit dem Hammer. Ein Mann möchte ein Bild aufhängen. Er hat keinen Hammer. Also will er sich einen vom Nachbarn borgen. Aber vielleicht möchte dieser den Hammer nicht ausleihen? Schließlich hat der Nachbar gestern auch nicht gegrüßt. Überhaupt benimmt er sich in letzter Zeit so abweisend. Richtig feindselig könnte man meinen. Solche Menschen verleihen keine Werkzeuge. Empörend, wie unsozial manche Nachbarn sind! Aufgebracht rennt der Mann zum Nachbarn und schreit ihn an: »Behalten Sie doch Ihren blöden Hammer, Sie gemeiner Kerl!«

Der Nachbar fällt aus allen Wolken. Er hätte ihm den

Hammer wirklich gerne geliehen. Aber wenn man angeschrien wird, dann schreit man natürlich zurück: »Sind Sie total übergeschnappt? Was fällt Ihnen ein!« Der Mann ohne Hammer glaubt, dass sein Nachbar ein Scheusal sei, also behandelt er ihn wie eines. Und prompt verhält sich der Nachbar wie ein Scheusal – aus der Sicht des Mannes. Das ist die Macht des Glaubens: Was wir glauben, trifft ein. Natürlich funktioniert das Prinzip auch in die andere Richtung.

Sie kennen sicher den Placebo-Effekt. Ein Medikament, sagen wir gegen Magengeschwüre, wird getestet. Die Testgruppe bekommt das Medikament. Die Kontrollgruppe bekommt ein Placebo – einfach Traubenzucker in Pillenform. Was in den Pillen drin ist, weiß keine Gruppe. Das Medikament wirkt in der Testgruppe. Seltsamerweise wirkt das Placebo in der Kontrollgruppe auch. Bei 30 bis 60 Prozent der Teilnehmer. Traubenzucker heilt Magengeschwüre! Warum? Weil die Menschen geglaubt haben, ein wirksames Medikament zu schlucken. Der Glaube versetzt Berge – oder errichtet welche.

Wir wissen nicht, was wir glauben

Der Glaube kann Nachbarn in Scheusale verwandeln oder Magengeschwüre heilen. Ist das nicht toll? Toll vielleicht, aber auch ziemlich vertrackt. Zwar hat der bloße Glaube in beiden Beispielen ungeheure Wirkung, doch leider wussten weder der Mann ohne Hammer noch die Kontrollgruppe, was sie da eigentlich glaubten. Der Mann ohne Hammer schoss ein Eigentor, ohne zu wissen, warum. Die Kontrollgruppe heilte sich, ohne zu wissen, womit. Und so ergeht es uns täglich.

Immer wieder erlebe ich, dass Teilnehmer von Feedback-Seminaren entweder sagen: »Klingt gut, aber bei meinem Chef funktioniert das nicht.« Oder: »Prima, das probiere ich gleich mal aus.« Kurios wird's dann, wenn sich herausstellt, dass beide denselben Chef haben! Beide Äußerungen sagen nichts über die Feedback-Technik und sie sagen nichts über den Problemchef. Aber sie sagen alles über die beiden Teilnehmer beziehungsweise deren Glaubenssätze. Der eine glaubt, dass selbst bei seinem hartgesottenen Scheusal noch etwas zu machen ist, der andere hat einen der folgenden Glaubenssätze:

- Hört sich gut an, aber bei meinem Chef funktioniert das nicht.
- Die Technik ist doch viel zu kompliziert.
- Das funktioniert bestimmt, aber das traue ich mich doch nicht.
- Ach was, der Chef sitzt doch immer am längeren Hebel.
- Wieso soll ich mich ändern? Er soll sich ändern!
- Mein Chef ist eben ein Neurotiker, da hilft nichts.
- Das ist doch alles zu umständlich.

Beide Teilnehmer halten ihre Glaubenssätze für die Wahrheit – obwohl sie sich gegenseitig ausschließen. Das ist das Vertrackte an Glaubenssätzen. Es sind an sich völlig unbewiesene Behauptungen, die wir für die nackte Wahrheit halten. Und wir werden auch nie erfahren, dass sie nicht die Wahrheit sind, denn Glaubenssätze bestätigen sich selbst. Der Mann ohne Hammer glaubt, dass sein Nachbar ein Scheusal ist und findet seinen Glauben bestätigt, weil der Nachbar zurückschreit – so sind Scheusale eben. Wir glauben, dass wir nichts an unserem Chefproblem ändern können, und deshalb ändert sich nichts, was wir ja schon immer »gewusst« haben. Oder wir glauben, dass noch was zu machen ist, machen was und ändern was und bestätigen auch diesen Glaubenssatz.

Auch die unsinnigsten Glaubenssätze bestätigen sich selbst. Ein Mann klatscht alle zehn Sekunden in die Hände. Ein anderer Mann fragt ihn, was das soll. Der erste antwortet: »Um die Elefanten zu verscheuchen.« »Elefanten? Hier sind doch gar keine Elefanten!« »Sehen Sie!«

Diese vertrackte Selbstbestätigung von Glaubenssätzen hat in unserem Leben manchmal tragische Konsequenzen. Wer glaubt, dass nichts zu machen ist, macht nichts. Einer Küchenhilfe in Hamburg fiel am Freitagabend die Tür des Kühlraums ins Schloss. Sie wusste: Wenn nicht binnen Stunden Hilfe käme, wäre sie verloren. Tatsächlich erfror die Frau, weil alle schon im Wochenende waren. Das Tragische daran: Die Tür wäre von innen zu öffnen gewesen. Aber da die Frau nur an das Konzept »Hilfe von außen« glaubte, nutzte ihr das nichts. Sie konnte ihren Irrtum auch nicht bemerken, da sie ja nicht wusste, dass »Hilfe von außen« nur ein Glaubenssatz war. Sie hielt ihn für die nackte Wahrheit.

Natürlich wirkt dieser Mechanismus auch in die andere Richtung. Als man einem Jungmanager sagte, dass er ein Projekt erfolgreich beendet hätte, das für Jungmanager normalerweise unmöglich zu schaffen sei, erwiderte er verdutzt: »Oh, ich wusste nicht, dass es unmöglich ist.« Er wusste es nicht, also war es auch nicht unmöglich.

Wir wissen nicht, was wir glauben, aber was wir glauben, steuert unser Tun. Angenommen, wir glauben vor Publikum immer, dass die uns gleich auslachen werden, dann werden wir auch nach zehn Rhetorik-Kursen kein guter Redner – und wissen nicht einmal warum. Das heißt, in bestimmten Situationen schießen wir regelmäßig Eigentore, weil wir unsere geheimen Glaubenssätze nicht entdecken. Räumen wir aber den Glaubenssatz aus, dann können wir plötzlich reden. Vielleicht können Sie nur deshalb Ihren Chef nicht ändern, weil Ihnen ein geheimer Glaubenssatz laufend ein Bein stellt?

Was sind Glaubenssätze?

Wenn Glaubenssätze unsichtbar unser Leben steuern, dann sollten wir sie uns genauer ansehen. Was sind Glaubenssätze überhaupt? Glaubenssätze sind zunächst Überzeugungen, die wir für wahr halten und nach denen wir leben, meist ohne es zu merken. Wer beispielsweise glaubt: »Das kann ich nicht«, der wird bestimmte Dinge überhaupt nicht versuchen, weil er schon von vornherein weiß, dass es nicht funktionieren wird – obwohl es objektiv betrachtet durchaus funktionieren könnte.

> »Life is a self-fulfilling prophecy.«
>
> Tom Hanks

Glaubenssätze spiegeln unser Weltbild, so wie wir uns die Wirklichkeit um uns herum als Landkarte abgebildet haben. Die Landkarte ist zwar nicht die Landschaft. Aber sie ist das Bild, auf das wir die Welt in unserem Kopf abbilden. Wir brauchen solche Landkarten, um uns in der Welt zurechtzufinden. Glaubenssätze geben uns eine gewisse Stabilität, da wir Glaubenssätze nicht mehr hinterfragen. Dass Kaffee braun ist, ist beruhigend. Wie groß wäre unsere Verunsicherung, wenn wir eines Morgens aufwachten und der Kaffee plötzlich blau wäre? Glaubenssätze geben Sicherheit, weil sie sagen: Das ist ganz einfach so, basta.

Wir besitzen auch recht festgefügte innere Landkarten für das »richtige« Rollenverhalten in bestimmten Situationen. Ich als Mutter, als Mitarbeiterin, als Führungskraft muss/darf/darf nicht … Glaubenssätze sind jedoch noch mehr. Über diese Regeln zum Rollenverhalten hinaus haben wir in unseren Köpfen ein ganzes Gesetzbuch abgespeichert: dies tut man nicht, jenes gehört sich nicht, das ist stillos … Welche Bedeutung Dinge und Ereignisse für uns haben, bestimmen unsere Glaubenssätze. Deshalb meinte Seneca auch, dass nicht die Dinge die Menschen erschrecken, sondern ihre Sicht der Dinge. Bei Flugzeugabstürzen ist die tragische Konsequenz dieser Tatsache zu beobachten. Die Überlebenden teilen sich in zwei Lager. Die Survivor-Typen, die sich danach »ein zweites Mal geboren« fühlen und das Leben in vollen Zügen genießen. Und die Geschockten, die danach nicht nur aufs Fliegen verzichten, sondern bald gar keine Verkehrsmittel mehr benutzen und völlig isoliert werden. Ein Ereignis, zwei völlig unterschiedliche Sichtweisen. Wäre es nicht schön, zu den Survivor-Typen zu gehören? Wenn schon Katastrophen und Problemchefs meinen Weg pflastern, dann möchte ich doch bitte schön wenigstens ein Survivor sein. Oder wie die Briten sagen: Out of my great sorrow I made little songs. Wenn es Zitronen regnet, dann mach ich eine Limo-Fabrik auf.

Glaubenssätze bestimmen unsere innere Wirklichkeit, also unsere Gefühle und Stimmungen. Ob ich wütend bin, hängt nicht davon ab, ob mich jemand aufregt, sondern ob ich mich aufrege. Es gibt Mitarbeiter, die feiern ein Projektende, weil sie glauben: »Wir haben's geschafft!« Andere Mitarbeiter werden gegen Projektende niedergeschlagen, weil sie glauben: »Bald ist das Projekt zu Ende und ohne Projekt bin ich ein Niemand!« Ein Ereignis, zwei gegensätzliche Reaktionen. Glaubenssätze bestimmen also nicht nur unser Verhalten, sondern auch unseren seelischen Zustand.

Wie entstehen Glaubenssätze?

Glaubenssätze entstehen durch Generalisierung. Ein Kind greift auf die heiße Herdplatte und generalisiert: »Herdplatten sind heiß!« Dieser Glaubenssatz erspart uns eine Menge Brandblasen. Eine einzige einschneidende Erfahrung reicht, um den Glaubenssatz zu verankern. Ansonsten braucht es wiederholte Erfahrungen, bis das Gelernte auf weitere Fälle in der Zukunft übertragen wird.

Wie schlimm Glaubenssätze wirken, zeigt das berühmt gewordene Affenexperiment einiger US-Forscher. In einem Affengehege hängt ein Büschel Bananen an einem Fahnenmast. Als der erste Affe hochklettert, um sich seinen Lunch zu holen, geht kurz vor den Bananen eine kalte Dusche los. Der Affe tritt den Rückzug an. Nach und nach versuchen es seine KollegInnen. Alle werden geduscht. Danach versucht es keiner mehr. Man tauscht zwei Affen aus. Die neuen Affen werden von den alten gewarnt: »Da oben gibt's Saures!« Keiner versucht es. Die Dusche ist zwar längst abgeschaltet, aber der Glaubenssatz wirkt weiter, weil »das früher auch nicht funktioniert hat, also versuch es gleich gar nicht«. So verschlafen wir, unsere Manager, die Unternehmen und ganze Branchen den Wandel, weil sie an Dinge glauben, die es längst nicht mehr gibt.

Des Glückes Schmied

Jeder ist seines eigenen Glückes Schmied, sagt der römische Denker Sallust. Das ist wahrer, als uns manchmal lieb sein dürfte. Professor Bandura von der Stanford University hat in verschiedenen Untersuchungen nachgewiesen, dass unsere Leistung von unserer Leistungserwartung abhängt. Wenn jemand beispielsweise glaubt, dass er in der Lage ist, einen Vortrag vor einem bestimmten Publikum zu halten, dann stehen die Chancen tatsächlich besser, dass der Vortrag glückt, als wenn er das Gegenteil glaubt. Kurz: Wir tun, was wir glauben, und es passiert, was wir glauben.

Von Milton Erickson, dem berühmten Hypnotherapeuten, gibt es eine hübsche Geschichte über den Einfluss von Glaubenssätzen auf unser Verhalten. Erickson war damals ein junger Assistent, dem sein Professor eines Tages eröffnete, dass er am Abend vor einem Kreis ziemlich berühmter Professoren reden solle. Erickson hatte so einen Auftritt noch nie gehabt und war völlig überrascht, vor allem, weil er weniger als sechs Stunden Vorbereitungszeit hatte. Doch Erickson war ganz ruhig, denn »ich wusste, dass ich etwas von dem Thema verstand und dass ich eigentlich über jedes Thema mehr oder weniger flüssig gute zwanzig Minuten reden konnte.« Stellen wir uns selbst bei dieser »Androhung eines Vortrags« vor: nasse Handflächen, Herzklopfen, Kloß im Hals, Drücken in der Magengegend, und im Hinterkopf immer die kleine Stimme »Oje, oje, das schaff ich nicht, das kann ich nicht, das hab ich ja noch nie gemacht!« Wir schaffen unser Schicksal selbst. Durch unsere Glaubenssätze.

Stellen Sie sich die gegenteilige Erwartung vor. Jemand glaubt nicht, dass er in der Lage ist, einen Vortrag zu halten. Also wird er jede vermeidbare Gelegenheit meiden, vor einer Gruppe zu reden. Und wenn es einmal unvermeidbar wird, dann ist er wegen seines Glaubens – und natürlich wegen der mangelnden Übung! – lampenfiebrig und nervös, entwickelt keine Ausstrahlung und Überzeugung, hält einen schlechten Vortrag und bestätigt damit seinen Glauben: »Das kann ich nicht! Das habe ich doch schon vorher gewusst!« Verblüffend, nicht? Die eigene Vorhersage trifft fast hundertprozentig zu! Glaubenssätze sind interne Vorhersagen unserer Zukunft. Wir tun, was wir glauben, und dann glauben wir, was wir tun – ein Teufelskreis der Selbstsabotage!

Dass sich auch die dümmsten Glaubenssätze bestätigen, kennen wir aus der Schulzeit. Dort haben uns die Lehrer gesagt, was wir können und was nicht. Wenn sie uns das nur lange genug gesagt haben, haben wir's schließlich selbst geglaubt. Die meisten dieser Zuschreibungen haben wir dann als eigene Glaubenssätze übernommen und uns bis heute daran gehalten. Mir wurde beispielsweise gesagt, dass ich nicht singen könne, und ich singe auch heute nur, wenn ich alleine bin. Wie dumm diese Glaubenssätze sind, illustriert eine Anekdote, die mir eine Seminarteilnehmerin erzählte. Auch ihr hatte man in der Schule gesagt: »Du kannst nicht singen.« Als dann zufällig mal ein Bekannter – ein Gesangslehrer – sie dabei belauschte, wie sie ihr Kind in den Schlaf sang, sagte er: »Was für eine schöne, resonante und feste Stimme du hast. Du kannst zwar keinen Ton halten, aber das kann man lernen. Eine schöne Stimme kann man nicht lernen, die bekommt man geschenkt.« Dieses dicke Lob löschte den alten, dummen Glaubenssatz augenblicklich, und sie nahm Gesangsstunden. Inzwischen singt sie im Kirchenchor und ist stinksauer auf ihre alten Lehrer: »Die sollten die Kinder ermutigen und nicht fürs Leben deprimieren!« Wir machen unser Glück selbst. Wir müssen nur die richtigen Glaubenssätze pflegen.

Self-fulfilling Prophecy

Wer etwas glaubt, erzeugt damit eine Prophezeiung, die sich selbst erfüllt. Dafür sorgt schon die selektive Wahrnehmung: Wir filtern einfach alles heraus, was nicht zu unserem Glaubenssatz passt.

Irgendwann habe ich mir den Glaubenssatz zugelegt: »Männer mit Hut sind unmögliche Autofahrer.« Ich kann heute nicht einmal mehr sagen, ob dieser Glaube auf bestimmte Erfahrungen basierte oder ob ich ihn einfach von anderen übernommen hatte. Jedenfalls bewahrheitete er sich in den letzten zwanzig Jahren immer. Jedes Mal, wenn ich einen Autofahrer mit Hut entdeckte, gab es irgendetwas an seinem Fahrstil auszusetzen. Vor einigen Monaten sah ich dann, wie ein älterer Nachbar, den ich sehr schätze und der ein hervorragender Autofahrer ist, mir plötzlich mit Hut am Lenkrad entgegenfuhr. Ich wollte von ihm wissen, ob er sich jetzt neuerdings einen Hut zugelegt habe, und es stellte sich heraus, dass er schon seit mehr als zehn Jahren gut »behütet« Auto fährt! Ich bin ihm in dieser Zeit bestimmt Dutzende Male auf den Straßen begegnet. Nie habe ich den Hut bemerkt. Die selektive Wahrnehmung hielt entgegen der Fakten meinen Glaubenssatz aufrecht. Das sangen schon Simon & Garfunkel in »The Boxer«: »Still a man hears what he wants to hear and disregards the rest.«

> »A man is a method, a progressive arrangement; a selecting principle, gathering his like unto him wherever he goes.«
>
> Ralph Waldo Emerson

»Ich habe eben immer Pech im Spiel.« »Mein Chef ist immer so fies zu mir.« »Nie kriege ich meine Präsentationen sauber über die Bühne.« »Das habe ich doch noch nie geschafft!« Stimmt alles nicht! Jeder, der einen dieser Sätze loslässt, hat schon Dutzende Episoden erlebt, in denen genau das Gegenteil passierte. Er hat im Spiel gewonnen, der Chef war einen Augenblick sehr freundlich und fair, und irgendwann lief eine Präsentation blitzsauber ab – aber diese Ereignisse werden verzerrt wahrgenommen, verdrängt oder gelöscht, weil sie nicht zum Glaubenssatz passen!

Wenn Sie das Prinzip der Self-fulfilling Prophecy konsequent zu Ende denken, dann haben Sie ein hervorragendes Instrument, Ihr Leben grundlegend umzukrempeln. Ein Abteilungsleiter erzählte mir sein Aha-Erlebnis dazu. In seiner Abteilung gab es seit Jahren internen Krach und Krach mit einer angrenzenden Abteilung. Er hatte schon ein halbes Dutzend Seminare zur Kommunikation, zur Moderation und zur Führung bei Konflikten besucht und auch in seiner Abteilung abgehalten. Nichts hatte durchschlagenden Erfolg. Bis ihm seine Tochter, die Soziologie studierte, den entscheidenden Tipp gab: »Solange Ihr versucht, den Konflikt zu lösen, beherrscht der Konflikt Eure Gedanken. Das ist wie mit der Diät.«

Der Vater musste lachen, aber er wusste: Wenn man Diät hält, denkt man pausenlos ans Essen und futtert deshalb wie ein Wilder, sobald die Diät vorüber ist. Also sparte er sich das Geld für ein neues Konfliktseminar und gab seinen Mitarbeitern und sich selbst nur zwei Aufgaben: In den nächsten zwei Wochen sollte jeder je einen Vorfall aufschreiben, bei dem es ganz toll in der Abteilung und ganz toll mit der anderen Abteilung klappte. Jeder sollte ganz genau aufschreiben, was konkret vorfiel, wer was gesagt hatte und wie sie sich dabei gefühlt hatten. Die Mitarbeiter schauten ihn zwar zunächst an, als ob sie an seinem Verstand zweifelten, führten dann aber die Aufgabe aus. Nach sechs Wochen hatte sich das Klima in der Abteilung und die Beziehung zur Nachbarabteilung so weit verbessert, dass von Konflikt keine Rede mehr sein konnte, was nur die wenigsten verstanden, was aber ganz logisch ist: Der Konflikt war aus dem Kopf verschwunden und verschwand deshalb aus der Realität. Wenn man alles nur durch die Konfliktbrille sieht, wird alles zum Konflikt. Man bewegt sich quasi in einer zwanghaften Konflikt-Trance.

Sobald man die Brille wechselt, schlägt man dem Glaubenssatz »Wir haben Stunk« ein Schnippchen, weil man nicht mehr seine selektive »Stunkbrille« benutzt. Und dann läuft der ganze Mechanismus in die andere Richtung ab! Man entdeckt ein Beispiel für Harmonie, dieses bestätigt rückbezüglich die Harmoniebrille, man geht auf diese Weise besänftigt von der eigenen Konflikt-Linie ab, provoziert dadurch neue Harmoniebeweise ... So zwangsläufig, wie man vorher Konflikte produziert hat, produziert man jetzt Harmonie. Das Leben ist ganz einfach, wenn man weiß, wie's funktioniert.

Heißt das, Ihr Chef ist gar kein Scheusal, sondern nur eine Self-fulfilling Prophecy? Im Prinzip ja. So einfach ist das. Es ist zwar einfach, aber es ist nicht leicht umzusetzen. Der Glaubenssatz »Mein Chef ist ein Scheusal« verschwindet ja nicht allein deshalb, weil wir ihn als Glaubenssatz entdecken. Was man über Jahre geglaubt und sich selbst bestätigt hat, kann man nicht einfach so vergessen. Wir müssen uns schon noch ein wenig mehr mit Glaubenssätzen beschäftigen, bevor wir unsere hinderlichen Glaubenssätze rauswerfen können.

X→Y

Glaubenssätze sind – logisch unzulässige – Verallgemeinerungen: »Mein Chef ist immer so ungerecht.« »Nie lobt er mich.« Robert Dilts hat hier eine nützliche Unterscheidung getroffen. Demnach kann ein Glaubenssatz eine Verallgemeinerung über kausale Beziehungen sein: aus X folgt immer Y, oder kurz X→Y. Oder der Glaubenssatz verallgemeinert eine Bedeutungsbeziehung: X bedeutet Y, kurz X = Y.

In der Kategorie X→Y klingt der für uns schädlichste Glaubenssatz ungefähr so: »Mein Chef ist dauernd wütend und aufbrausend mir gegenüber. Er ist es deshalb, weil meine Leistung nicht ausreichend ist. Wenn mein Chef sauer ist, habe ich ihn mit meinem Verhalten verärgert. Ich bin schuld, dass er sauer ist. »Hier wird der Glaubenssatz ziemlich heftig. Er reicht ins Selbstwertgefühl hinein, weshalb wir das Selbstwertgefühl im nächsten Kapitel genauer ansehen wollen.

Glaubenssätze über Kausalbeziehungen müssen nicht unbedingt uns selbst als Ursache einbeziehen: »Mein Chef ist zweimal geschieden, deshalb kommt er heute nicht mit selbständig denkenden Frauen wie mir klar.« »Mein Chef will unbedingt Karriere machen, deshalb interessiert es ihn gar nicht mehr, was ich denke.« Solche Glaubenssätze sind der Grund für unsere Eigentore. Wenn wir glauben, dass das (Chef-)Problem durch nicht beeinflussbare Faktoren verursacht wird – Chef ist frauenfeindlich; Chef ist karrieresüchtig –, dann läuft bei uns das alte Spiel ab: Ich kann doch nichts dafür oder dagegen, dass der Chef nicht mit Frauen kann! Daran kann ich doch nichts ändern!

Das stimmt natürlich – und das ist das Vertrackte daran. Wenn der Chef karrieresüchtig ist, dann hält ihn keine Betonwand auf. Diese Schlussfolgerung ist völlig richtig. Dass die zugrundeliegende Annahme – Chef ist karrieresüchtig – falsch ist, sehen wir nicht, weil wir nur die Folgerung und nicht die unter einem Glaubenssatz versteckte Annahme sehen. Deshalb sind wir auch sauer, wenn uns Kollegen oder Partner vorwerfen, wir sähen das alles zu pessimistisch. Wir sehen nur die Schlussfolgerung, und diese ist korrekt. Die Außenstehenden sehen nur die zugrundeliegende Annahme, und die ist falsch.

X = Y

Zwei Männer flüchten sich vor dem Regen unter ein Vordach. Der eine meint: »Sauwetter.« Der andere: »Gott sei Dank, regnet es endlich.« Ein Ereignis, zwei unterschiedliche Reaktionen. Der eine Mann ist Segelflieger, der andere Landwirt. Nicht die Sache an sich bestimmt unsere Reaktion, sondern die Bedeutung, die wir ihr geben. Beim Wetter ist uns das klar. In anderen Dingen weniger, und das ist das Problem.

X = Y kann beispielsweise heißen, dass mein Chef herumschreit (X), worauf ich denke (Y):

- Er kann mich nicht leiden.
- Er will Frauen nicht fördern.
- In diesem Unternehmen habe ich keine Chance.

- Er braucht dringend Urlaub.
- Das ist wohl das neue Führungsverhalten im Unternehmen.
- Da ist bestimmt etwas schiefgelaufen.

Eine Sache passiert und wir geben ihr eine Bedeutung: X bedeutet Y. Und wieder sind die Folgen ungeheuer: Der Glaubenssatz bestimmt unsere Reaktion. Wenn ich glaube, dass der Chef nur urlaubsreif ist, dann sitze ich die Krise aus. Wenn ich dagegen glaube, dass da was schiefgelaufen ist, dann behebe ich die Panne. Nicht die Sache an sich, sondern die Bedeutung, die wir ihr geben, entscheidet über unsere Reaktion.

Neben Ursachen und Beziehungen kann ein Glaubenssatz auch Grenzen pauschalieren:

»Für Feedback ist mein Chef noch nicht reif.« »Hat keinen Sinn, was zu sagen, auf uns Abteilungsleiter hört doch im Vorstand eh' niemand.« »Vielleicht lässt sich mein Chef ja mit Sandwich-Feedback ein bisschen ändern, aber nicht wesentlich. Im Wesen bleibt er ein Scheusal.« Schöne Glaubenssätze, nicht?

An dieser Stelle unserer Reise durch die schrecklich schöne Landschaft der Glaubenssätze könnte man den Eindruck gewinnen, dass es am besten sei, keine zu haben. Leider geht das zum einen nicht, weil wir immer gewisse Grundüberzeugungen mit uns herumtragen. Zum anderen können uns Glaubenssätze sehr helfen. Erinnern Sie sich nur an die Placebo-Patienten. Ohne Glaubenssätze wären viele davon schon tot oder krank.

Es gibt nämlich auch positive Glaubenssätze wie:

- Was ich mir vornehme, schaffe ich auch.
- Ich kann eben gut mit Leuten.
- Meine Aufgabe beherrsche ich, da macht mir keiner was vor.

Positive und negative Glaubenssätze spuken in unserem Kopf herum. Da Sie ein Problem mit Ihrem Chef haben, besteht zumindest die Möglichkeit, dass dabei auch ein negativer Glaubenssatz hereinspielt. Wollen wir diesem auf die Spur kommen?

Das erste Indiz für negative Glaubenssätze bei Chefproblemen ist ein diffuses Gefühl der Hoffnungslosigkeit, der Frustration, der dumpfen Wut: »Bei dem ändert sich nie was!« Oft fühlt man sich hilflos: »Was kann ich als kleiner Angestellter da schon machen. Der Chef sitzt immer am längeren Hebel. Sicher könnte den Chef jemand ändern, sein eigener Chef vielleicht oder ein Führungstrainer oder ein Therapeut. Aber ich nicht.«

Blast from the Past

Einen zweiten Hinweis auf negative Glaubenssätze kann die eigene Kindheit liefern. Glaubenssätze haben wir gelernt, einige davon in ganz frühen Jahren, als wir noch besonders prägbar waren – also ungefähr bis zum siebten Lebensjahr. Diese Glaubenssätze können auf eigenen Erlebnissen – siehe Herdplatte – basieren oder auf dem vorgelebten Vorbild unserer Eltern:

- »Man redet nicht über so was!« Deshalb trauen wir uns später nicht, dem Chef Feedback zu geben.
- »Was Papa sagt, wird gemacht.« Für »Papa« setzen wir später »Chef«.
- »Wer aufmuckt, bekommt Ärger.« Also schlucken wir's runter.
- »Erst die Arbeit, dann das Vergnügen.« Das heißt, Arbeit und Vergnügen sind zweierlei. An diesem Glaubenssatz leidet die gesamte westliche Zivilisation außer Beppo Straßenkehrer.
- »Fehler sind schlimm.« Daher das Bestreben, nicht seine Arbeit gut zu machen, sondern in erster Linie seine Weichteile zu bedecken oder wie die Amerikaner sagen: Cover your ass!
- »Tu, was deine Mutter sagt.« Man muss es anderen immer recht machen, also kann man dem Chef doch kein Feedback geben!
- »Wer etwas schafft, bekommt Anerkennung.« Wir werden also nicht wegen uns selbst anerkannt und akzeptiert, sondern wegen unserer Nützlichkeit. Wer zu nichts mehr nütze ist – und was nützlich ist, bestimmen andere –, der wird ausrangiert.

Natürlich zementiert die selektive Wahrnehmung diese früh erlernten Glaubenssätze über die Jahre felsenfest ein. Wenn wir tatsächlich mal um unserer selbst willen geliebt werden, dann wird das selektiv rausgelöscht oder verzerrt: »Was stimmt denn mit dem nicht? Will der was von mir?« Auch nach dem siebten Lebensjahr geht dieser Lernprozess weiter. Wir lernen aus Erfahrungen und von Vorbildern. Wir finden beispielsweise einen Ausbilder gut und übernehmen seine Ansichten:

- »Wer hart arbeitet, kommt weiter.« Also vernachlässigen wir unsere Imagepflege und wundern uns, weshalb Selbstdarsteller schneller befördert werden.
- »Eine Arbeit wird bis zum Ende durchgezogen.« Also verlassen wir das Schiff nicht, auch wenn es schon sinkt und man besser eine andere Aufgabe anpacken sollte.

Die Satir-Technik

Glaubenssätze sind unzulässige Verallgemeinerungen von Erfahrungen, deren Unzulässigkeit nicht aufgedeckt wird, weil unsere selektive Wahrnehmung alle Gegenbeispiele ausblendet. Wir sind Gefangene einer perfekten Täuschung. Deprimierend, nicht? Aber im Gegenteil.

Denn wie immer birgt das Problem schon den Schlüssel zu seiner Lösung in sich oder wie Schiller sagte: »Auch verschlossene Türen haben Schlösser. Und wo ein Schloss ist, muss ein Schlüssel sein.« Wenn die Gegenbeispiele zu unseren Glaubenssätzen zwar vorhanden, aber von der selektiven Wahrnehmung nicht zur Beweisführung zugelassen werden, dann ist die Lösung ganz einfach: Die Gegenbeweise sind alle da! Wir müssen sie nur an der selektiven

Wahrnehmung vorbei in unser Bewusstsein bringen. Denn die Gegenbeispiele sind ja tatsächlich passiert. Wir müssen sie nur wieder einblenden. Die Methode dazu ist denkbar einfach. Sie ist als Satir-Technik bekannt, benannt nach der erfolgreichen Familientherapeutin Virginia Satir.

Der erste Schritt: Identifizieren Sie Ihre Glaubenssätze, die Sie daran hindern, erfolgreicher mit Ihrem Chef umzugehen:

____

____

____

Der zweite Schritt: Welcher davon ist besonders hinderlich und soll deshalb als Erster verändert werden? Schreiben Sie diesen jetzt auf ein separates Blatt Papier groß als Überschrift:

____

Der dritte Schritt: Da Glaubenssätze erlernte Verallgemeinerungen sind, kommt es jetzt darauf an, diese Verallgemeinerungen zu knacken, indem wir die ausgeblendeten Gegenbeispiele wieder einblenden. Dieser Schritt kann Ihnen beim ersten Glaubenssatz, den Sie verändern wollen, möglicherweise etwas schwerfallen. Immerhin haben Sie jahre-, manchmal jahrzehntelange Routine darin, die Gegenbeispiele zuzuschütten. Den Vorgang umzukehren erfordert etwas Zeit, Geduld und den Mut zur Tauchfahrt in die Tiefen der eigenen Erinnerungen. Nehmen Sie sich diese Zeit. Ich habe noch keinen Menschen erlebt, der keine Gegenbeispiele fand, auch wenn er am Anfang noch so skeptisch war. Die Skepsis ist lediglich ein Störversuch des alten Glaubenssatzes! Lassen Sie ihn nicht zu. In welcher Situation, die auch schon länger zurückliegen darf, ist etwas passiert, was laut Glaubenssatz eigentlich nicht hätte passieren dürfen?

Notieren Sie sich das Gegenbeispiel mit zwei, drei Stichworten auf Ihrer Extraseite mit dem ersten Glaubenssatz. Machen Sie weiter wie ein guter Anwalt: Suchen Sie noch ein Gegenbeispiel. Auch hierzu dürfen Sie sich Zeit nehmen. Beim dritten Gegenbeispiel kann es manchmal ganz schnell gehen, weil Ihr Gehirn jetzt auf der richtigen Spur ist. Manchmal braucht aber gerade das dritte Beispiel etwas mehr Zeit. Gönnen Sie sich diesen Moment der Besinnung. Lassen Sie sich einfach überraschen, welches Beispiel Sie bisher ausgeblendet haben. Das Beispiel war bis heute nur im Unterbewusstsein vorhanden und wird nach einiger Sucharbeit jetzt ins Bewusstsein gebracht. Unser Gehirn arbeitet hier nicht viel anders als ein Computer. Datei suchen … Datei laden … Die Datei ist da, sie muss nur gesucht und geladen werden. Notieren Sie sich auch das dritte Beispiel auf das Extrablatt.

Der vierte Schritt: Kein Anwalt würde diese drei Gegenbeispiele einfach kurz aufzählen und dann zum nächsten Punkt weitergehen. Sie würden untergehen, weil die Geschworenen noch zu sehr von den Ausführungen der Gegenseite gefangen sind. Hören Sie auf Ihre innere Stimme. Sie haben jetzt zwar drei Gegenbeispiele gefunden, aber die innere Stimme versucht sicher schon, diese Beispiele zu relativieren:

- Ja, damals war das doch etwas ganz anderes.
- Das kann man nicht mit dem heutigen Problem vergleichen!
- Damals war der Chef doch erst befördert worden.
- Das ist doch heute viel schwieriger geworden.

Hier wirkt wieder die selektive Wahrnehmung. Das war früher nicht wirklich etwas ganz anderes, das nehmen wir nur heute so verzerrt wahr. Also müssen wir noch einmal ganz in die Situation der Gegenbeispiele eintauchen, um den wahren Sachverhalt zu ergründen. Tauchen Sie in die Situation des ersten Gegenbeispiels ein:

- Wo fand diese Situation statt?
- Was können Sie sehen?
- Was haben Sie gesagt?
- Was haben andere (Chef, Kollegen, Kunden …) gesagt?
- Wie haben Sie die Situation innerlich kommentiert, was haben Sie zu sich selbst gesagt?
- Was haben Sie gespürt? Vergegenwärtigen Sie sich dieses Gefühl noch einmal ganz intensiv. Es ist ein guter Anker für den neuen Glaubenssatz.

Machen Sie mit dem zweiten Gegenbeispiel genau das Gleiche. Was passierte? Was sahen Sie? Wie fühlten Sie sich? Ebenso verfahren Sie mit Beispiel drei. Und dann können Sie den ganzen Vorgang mit allen drei Beispielen wiederholen. Jetzt haben die Gegenbeispiele schon eine ganz andere

Wertigkeit, nicht? Manche Menschen sind hier ganz begeistert von der Wirkung der Beispiele, die meisten entwickeln ein starkes Gefühl für die Gegenbeispiele.

Der fünfte Schritt: Jetzt nehmen Sie Ihr Extrablatt und lesen von unten nach oben alles laut vor. Sie beginnen bei den Stichworten von Beispiel drei und gehen nach oben. Während Sie die Stichworte laut lesen, spüren Sie bitte noch einmal das Gefühl dieser Situationen. Dann lesen Sie laut die Überschrift mit Ihrem alten Glaubenssatz: Da stimmt nun einiges nicht mehr! Das merken Sie sofort deutlich und fast körperlich. Das ganze Gefühl stimmt nicht mehr. Wie müsste der Satz nun lauten, damit er für Sie passt? Schreiben Sie ihn auf! Groß und deutlich!

So einfach ist es, Glaubenssätze zu knacken. Und das funktioniert nicht nur mit Chef-Glaubenssätzen. Sie können die Prozedur mit jedem anderen hinderlichen Glaubenssatz wiederholen. Noch einfacher wird es, wenn Sie dabei einen Lernpartner haben, der Sie auf den einzelnen Schritten begleitet.

Die Version des gesunden Menschenverstandes

Virginia Satir hat diese Technik nicht »erfunden«. Sie hat sie nur so formuliert, dass Menschen, die sie nicht anwenden, anwenden können. Denn natürlich wenden diese »Technik«

viele Millionen Menschen schon seit Menschengedenken an. Meist intuitiv und ohne es zu wissen.

Sicher kennen Sie solche Menschen, die binnen Sekunden einen alten Glaubenssatz über Bord werfen. Eine Hausfrau und Mutter, die mit 55 Jahren noch den Führerschein machen wollte, blickte bei der ersten Fahrstunde ihren Fahrlehrer an und stöhnte, dass sie noch nie hinter einem Steuer gesessen habe und solche total neuen Aufgaben hasse. Dann runzelte sie einen Augenblick die Stirn und meinte: »Aber das habe ich damals auch gesagt, als wir unseren Videorecorder bekamen, und jetzt programmiere ich ihn besser als mein Mann.« Sie legte den Gang ein, würgte den Motor ab und sagte: »Na, das machen wir gleich noch mal.« Der Fahrlehrer war deshalb so beeindruckt, weil er sagte, dass er bei Frauen in diesem Alter manchmal die erste halbe Stunde nur für »Seelenmassage« benützen müsse, um den Anfängerinnen überhaupt den Mut zu geben, die ersten Meter zu fahren.

Eigentlich hat diese Frau nur die Satir-Technik benutzt, freilich intuitiv, mit nur einem Gegenbeispiel und mit erstaunlicher Geschwindigkeit. Manchmal erzielen auch Aha-Erlebnisse glaubenserschütternde Wirkung. Als der Chef eines Gruppenleiters eines Tages seinen unbarmherzigen Zynismus nicht gegen den Gruppenleiter, sondern gegen einen großen Kunden richtete, der dem Gruppenleiter an die Karre fahren wollte, und danach dem Gruppenleiter mit einer konzilianten Bemerkung auf die Schulter hieb, war der Gruppenleiter tief beeindruckt: »Mein Chef ist ein unglaublicher Zyniker, aber ohne diese Eigenschaft wäre meine Karriere jetzt futsch.« Er änderte flugs seinen Glaubenssatz in:

»Der Chef ist kein Zyniker, er kann nur manchmal schrecklich zynisch sein.«

Wahrscheinlich ändern wir unsere Glaubenssätze laufend. Wer es schafft, diese laufenden, unbewussten Änderungen bewusst und gezielt auf hinderliche Glaubenssätze anzuwenden, ist fein raus. Er ist seines eigenen Glückes Schmied.

Womit machen Sie sich das Leben schwer?

Wir wissen manchmal nicht, womit wir uns das Leben schwermachen. Jene Glaubenssätze wie »Das schaffe ich nicht!«, die uns am hinderlichsten sind, sind gleichzeitig am schwersten zu entdecken – sonst wären sie nicht so hinderlich! Wenn wir jederzeit ohne Mühe entdecken könnten, mit welch haarsträubendem Aberglauben wir uns selbst ein Bein stellten, dann würden wir nicht immer wieder in diese selbstgestellten Fußangeln tappen. Wir würden ganz einfach sagen: »Was soll der Quatsch? Natürlich schaffe ich das, also wo steht das Klavier?«, und die Sache anpacken. Aber da wir oft nicht wissen, was wir glauben, können wir den hinderlichen Glaubenssatz nicht so ohne Weiteres ausräumen.

Wenn Sie deshalb beim ersten Schritt der Satir-Technik (s. o.) die Stirn gerunzelt haben, dann haben Sie zu Recht gerunzelt: »Identifizieren Sie Ihre Glaubenssätze, die Sie daran hindern, erfolgreicher mit Ihrem Chef umzugehen«, hieß es da lapidar. Vielleicht ist Ihre Eigenwahrnehmung ja ausreichend geschärft, um die wirklich gravierenden Glaubenssätze in Ihrem Leben zu entdecken. Viel wahrscheinlicher ist, dass Sie erst damit beginnen herauszufinden, womit Sie sich täglich ein Bein stellen. Dann finden Sie die hinderlichen Glaubenssätze nicht so leicht heraus. Für diesen Fall gibt es ein praktisches Suchverfahren. Möchten Sie es kennenlernen?

Ideal wäre es, wenn Sie die Suchübung zu zweit machen könnten. Haben Sie jemanden, der Sie unterstützen könnte? Partner, Freund, Kollege, Verwandter? Die Aufgabe dieses »Coaches« ist es, Ihnen schrittweise die folgenden Anweisungen und Fragen vorzulesen und Ihre Antworten darauf schriftlich festzuhalten. Wenn Sie lieber alleine sein wollen, dann können Sie Ihre Suche auch solo unternehmen. Es braucht lediglich etwas mehr Zeit und eine höhere Konzentration, um auf der richtigen Fährte zu bleiben. Bereit? Dann los.

Eine Reise in die Vergangenheit

Suchen Sie sich als Erstes ein Fleckchen, an dem Sie die nächste halbe Stunde wirklich ungestört sind. Wenn der Glaubenssatz auftaucht, »Das geht aber nicht«, dann schieben Sie ihn beiseite. Eine Hausfrau und Mutter, deren vier Sprösslinge sie pausenlos auf Trab halten, heftete eines Tages einen Zettel an ihre Schlafzimmertür: »Mama will eine halbe Stunde Ruhe. Darf nur gestört werden, wenn Blut fließt.« Das funktionierte so gut, dass sie seither täglich eine halbe Stunde Siesta macht. Sie wurde noch nie gestört.

1. Legen Sie sich etwas zum Schreiben zurecht. Versetzen Sie sich nun bitte gedanklich in eine für Sie besonders ärgerliche oder unangenehme Situation mit Ihrem Chef. Versetzen Sie sich so tief hinein, dass Sie die damals aufgestiegenen Gefühle nochmals ganz deutlich spüren. Nehmen Sie diese Gefühle bewusst war.
2. Beginnen Sie jetzt mit einer Zeitreise in die eigene Vergangenheit. Starten Sie im Hier und Jetzt und gehen Sie gedanklich ganz langsam und chronologisch in die Vergangenheit zurück. Woher kennen Sie die Gefühle, die Sie eben noch einmal erlebt haben? Welche Situationen in Ihrem Leben tauchen auf, in denen Sie genau die gleichen Gefühle hatten? Notieren Sie sie:

___

___

___

3. Gehen Sie noch weiter zurück, und suchen Sie ein noch älteres Ereignis, das diese Gefühle auslöste. Finden Sie auf diese Art das früheste Ereignis, mit dem Sie die erlebten Gefühle verbinden. Beschreiben Sie die Situation genau. Wer ist beteiligt?

___

Wie alt sind Sie
Wo findet die Szene statt?
Was ist damals konkret passiert?

Spüren Sie noch einmal ganz intensiv das besagte Gefühl. Was haben Sie aus der damaligen Situation für sich gelernt? Vielleicht Dinge wie: Du hast als Schwächerer sowieso keine Chance. Halt lieber den Mund. Bei Konflikten mit Respektspersonen zieht man immer den Kürzeren … Das alles können Glaubenssätze sein, die man in frühen Jahren als für sich richtig erkannt und seither nicht mehr hinterfragt hat. Für Sie ist jetzt der wichtigste Schritt, wirklich alles, was Sie damals aus der Situation gelernt haben, aufzuschreiben:

Wie war die Reise? Haben Sie etwas über sich selbst gelernt und über die Glaubenssätze, die vielleicht früher in Ordnung waren, Ihnen heute jedoch das Leben schwermachen? Dann ist Ihnen auch klar, weshalb Sie auf bestimmte Situationen ganz anders reagieren als Kolleginnen. Ihre ganz früh gelernten Glaubenssätze steuern Ihre Reaktion. Automatisch wie ein Auto-Pilot.

Sie kennen jetzt die Glaubenssätze, die auch heute noch Ihr Leben steuern. Machen Sie sich an die Arbeit. Erweitern Sie die Glaubenssätze mit der Satir-Technik (s. o.), indem Sie wieder drei Gegenbeispiele finden.

*»Wenn es einen Glauben gibt,
der Berge versetzt, dann
ist es der Glaube an Dich selbst.«*

MARIE VON EBNER-ESCHENBACH

Gesundes Selbstvertrauen

Wenn die Knie schlottern

Die meisten Menschen wissen (ungefähr), was sie an ihrem Chef stört – aber sie sagen's ihm nicht. Es fehlt der Mumm, die Courage, das Selbstvertrauen: »Ich kann dem Chef doch nicht sagen, was er tun soll!« Wie soll er dann merken, dass er etwas falsch macht? Von alleine? Das hat bisher doch auch nicht funktioniert, oder? Wer seinen Chef erziehen will, muss mit ihm reden – aber dazu fehlt uns oft der Mut. Oder wir überreagieren und kanzeln den Chef ab – auch ein Zeichen mangelnden Selbstvertrauens (Stil I, s. Kapitel »U – wie Ursachensuche«, S. 53). Kurz: Ohne Selbstvertrauen geht es nicht. Wer nicht den Mut aufbringt, seinen Chef zu ändern, muss sich zuerst selbst ändern. Wer die äußere Realität ändern will, muss bei der inneren Realität beginnen. Das hat jeder von uns schon einmal erlebt.

Jeder von uns hat Tage, an denen er besonders gut drauf ist und über die Ausfälle des Chefs vielleicht sogar lachen kann: »Was hat er denn wieder? Ist er mit dem falschen Fuß aufgestanden?« Und dann gibt es Tage, an denen schon ganz harmlose Bemerkungen des Chefs uns an den Rand eines Wutausbruchs bringen. Warum? Weil wir nicht so »gut drauf« sind. Der Chef ist immer gleich böse – aber unsere Reaktion ist eine andere. An guten Tagen können wir mehr vertragen als an schlechten. Manche Menschen behaupten sogar: »Wenn ich wirklich gut drauf bin, wirft mich nichts um.« Ein gesundes Selbstvertrauen lässt sich durch nichts erschüttern. Deshalb ist gesundes Selbstvertrauen die halbe Lösung für die Chefprobleme. Doch woher nehmen? Jeder weiß, wie wichtig Selbstvertrauen ist, aber wie bekommt man es? Was ist Selbstvertrauen überhaupt?

Das Selbstwertgefühl ist nichts anderes als die Summe aller Glaubenssätze, die wir über uns selbst haben. Für wen oder was halte ich mich? Für einen kleinen Angestellten ohne große Aussichten? Oder für eine kleine Angestellte, die es noch einmal weit bringen wird? Was ist mein Selbstwertgefühl, das heißt, was bin ich mir selbst wert? Dass unser Selbstwertgefühl so entscheidend für unser Leben ist, liegt daran, dass Glaubenssätze, die uns selbst betreffen, am stärksten für unseren Erfolg und unsere Zufriedenheit verantwortlich sind. Denn wie alle Glaubenssätze bewahrheiten sie sich selbst (s. Kapitel »Was glauben Sie?«, S. 153). Wer glaubt, »irgendwie werde ich schon mit allem fertig, was kommt«, packt die Dinge, die da kommen, aktiver und engagierter an als einer, der denkt, »schaffe ich doch nicht«. Deshalb wird er tatsächlich viel besser mit allem fertig, was kommt, und bestätigt sich damit selbst.

Menschen mit starkem Selbstwertgefühl

Die Wahrheit ist hart und grausam, aber: Menschen mit hohem Selbstwertgefühl haben die besseren Chefs. Nicht weil sie sie haben, sondern weil sie sie dazu erzogen haben. Diese suchen nämlich bei aufkommenden Schwierigkeiten nach Lösungen und setzen sich aktiv dafür ein. Menschen mit geringem Selbstwertgefühl suchen nach Gründen, warum »mit meinem Chef nichts zu machen ist«, und schmollen oder jammern. Vielleicht wäre ihr Problemchef objektiv betrachtet durchaus zu ändern – aber ihr Selbstvertrauen ist zu klein dafür. Menschen mit hohem Selbstwertgefühl zeigen bei der Verfolgung ihrer Ziele Ausdauer, weil sie gelassener mit Rückschlägen umgehen können. Menschen mit geringem Selbstwertgefühl geben sich für jeden Rückschlag selbst die Schuld und stecken bald auf. Menschen mit hohem Selbstwertgefühl gehen auf die Dinge zu, bevor die Dinge auf sie zukommen, und setzen sich Ziele, die sie erreichen wollen. Sie engagieren sich ausdauernd für ihre Ziele und können ihre Erfolge feiern und genießen. Menschen mit geringem Selbstwertgefühl

- gehen Schwierigkeiten aus dem Weg, weil sie glauben, sie ja doch nicht lösen zu können (Stil II: Der Anteillose, s. Kapitel »U – wie Ursachensuche«, S. 55),
- geben klein bei, weil »der Chef sowieso nicht auf mich hört« (Stil III: Der Selbstlose, S. 56) oder
- holen zum Schlag aus, bevor der Chef es tut (Stil I: Der Selbstdarsteller, S. 53).

Mit allen drei Strategien wird das Chef- und jedes andere berufliche oder private Problem nicht wirklich gelöst. Es wird vermieden und wächst weiter, oder es wird ein fauler Kompromiss erzielt, unter dem der Mensch mit geringem Selbstwertgefühl dann leidet, wodurch sein Selbstwertgefühl noch weiter sinkt oder der Konflikt eskaliert.

»If you don't respect yourself ain't nobody gonna respect you.«

Aretha Franklin

Menschen mit schwachem Selbstwertgefühl

Wer ein schwaches Selbstwertgefühl besitzt, ist permanent bestrebt, unangenehmen Situationen aus dem Weg zu gehen. Die Hauptmotivation in seinem Leben wird sein, Schmerzen zu vermeiden, nicht wieder eins auf den Deckel zu bekommen, nicht unangenehm aufzufallen. Wer dieser Vermeidungsstrategie folgt, wird meist von Angst und Furcht begleitet. Angst vor den Tatsachen des Lebens oder Furcht vor der Demütigung beim Scheitern.

Menschen mit gesundem Selbstwertgefühl achten und respektieren sich selbst. Und da sie sich selbst achten, erwarten sie auch, dass das andere tun. Diese Erwartung zeigt sich in vielen kleinen, nonverbalen Signalen. Wenn ihnen beispielsweise der Chef krumm kommt, richten sie sich auf, ziehen die Augenbrauen zusammen und blicken vorwurfsvoll. Wenn der Chef die Signale lesen kann, denkt er: »Oha, Vorsicht, gleich gibt's Ärger.« Logisch, dass Menschen mit starkem Selbstwertgefühl deshalb auch mit mehr Respekt behandelt werden.

Menschen mit schwachem Selbstwertgefühl achten sich selbst nicht und erwarten auch nicht von anderen, dass sie sie achten. Das kommunizieren sie ständig mit ihrem Verhalten. Wenn sie krumm angegangen werden, schauen sie weg, machen sich klein und laden dadurch praktisch zum Draufschlagen ein. Kriminologen sprechen hier sogar von »geborenen Opfern«. Es gibt ein eigenes Fachgebiet der Sozialwissenschaften, das sich ausschließlich mit Opfer-Täter-Forschung befasst; die Viktimologie. Sozialarbeiterinnen, die in Frauenhäusern arbeiten, bestätigen beispielsweise, dass viele Frauen trotz massivster Misshandlungen wieder zu ihren prügelnden Männern zurückkehren. Auch hier spielt das mangelnde Selbstwertgefühl die wesentliche Rolle. Wer sich gering schätzt, wird ein vom Leben verfolgtes Opfer. Wer für sich das Beste erwartet, bekommt häufig auch das Beste. Wenigstens sehr viel häufiger, als wer Schande und Prügel erwartet.

»Wenn ich mich selbst nicht mag, entwerte und bestrafe ich mich. Ich begegne dem Leben dann aus einer Haltung der Angst und Unfähigkeit heraus und schaffe so einen Zu-

stand, in dem ich mich als Opfer fühle und dementsprechend handle. Ich bestrafe mich und andere blindlings. Ich werde abwechselnd servil und tyrannisch. Ich mache andere für meine Handlungen verantwortlich.«

Virginia Satir

Das Traurige ist, dass Menschen mit schwachem Selbstwertgefühl manchmal erwarten, dass andere ihnen ihr schwaches Selbstbild bestätigen. Wenn sie stattdessen Anerkennung und Respekt erhalten, können sie das nicht gelten lassen: »Warum liebt er mich? Mit dem kann was nicht stimmen.« Deshalb sucht man/frau sich einen Partner, der einen nicht achtet, sondern unterdrückt. Manchmal erwarten Menschen mit geringem Selbstwertgefühl auch, dass man ihnen die Achtung zollt, die sie sich selbst nicht geben können (Stil I: Selbstdarsteller). Leider nutzt das wenig und führt nur in die Abhängigkeit. Denn die von außen gegebene Achtung kann die Selbstachtung nicht ersetzen. Man kann noch so sehr von anderen gelobt werden, solange man's nicht selber glaubt, bleibt das Selbstwertgefühl mickrig und klein – und wenn man's selbst glaubt, braucht man es von außen nicht bestätigt zu bekommen.

Wer sich viel zutraut, erreicht auch viel

Menschen mit hohem Selbstwertgefühl haben überwiegend positive Glaubenssätze wie: Ich kann, wenn ich will. Ich erreiche, was ich mir vornehme. Ich komme gut mit anderen Menschen aus ... Während Menschen mit geringem Selbstwertgefühl fast ausschließlich negative Glaubenssätze haben wie: Auf mich hört ja doch keiner. Andere sind schlauer, besser, klüger, schöner, erfolgreicher. Ich schaffe das nicht. In meinem Alter lernt man das nicht mehr. Frauen können das eben nicht. Glück haben immer nur die anderen ...

Unser Erfolg im Leben hängt stark davon ab, wie viel wir uns zutrauen. Wer sich viel zutraut, erreicht viel. Wer sich wenig zutraut, beginnt beispielsweise gleich gar nicht mit einer Fortbildung (»Schaffe ich sowieso nicht«), wird deshalb nicht befördert und bestätigt so seinen Glaubenssatz: »Wieder nicht geschafft.« Wir tun und unterlassen einiges, damit sich unsere Unkenrufe verwirklichen – und sei es nur, um vor uns selbst recht zu behalten.

Wer sich etwas zutraut, kann auch seinen Chef ändern. Ein Teilnehmer eines Seminars beispielsweise meinte zwar, dass Feedback eine gute Möglichkeit sei, seinen Chef konstruktiv zu beeinflussen. Er hielt sich selbst jedoch dafür nicht in der Lage. »Bei anderen wirkt das bestimmt, aber ich bin in so einer Situation nicht in der Lage, auch nur drei zusammenhängende Sätze herauszubringen. Ich bin da viel zu aufgeregt.« Mangelndes Selbstwertgefühl lässt uns bestimmte Sachen erst gar nicht versuchen. Der Teilnehmer führte uns das besonders deutlich vor. Ich fragte ihn, ob er sich an eine

Situation erinnern könne, in der er sich selbst als stark erlebt habe. Das konnte er sehr gut. Dann ließ ich ihn diese Stärke in die Chefsituation übertragen. Das entsprechende Verfahren aus dem Neurolinguistischen Programmieren nennt man New Behavior Generator; wir schauen es uns in einem späteren Abschnitt genauer an. Das neue Bewusstsein »Ich kann's« ließ den Teilnehmer dann tatsächlich ein Feedbackgespräch mit dem Chef führen. Und – Überraschung! – der Chef reagierte darauf ganz anders, als der Teilnehmer es immer geglaubt hatte, nämlich regelrecht erfreut. Der Teilnehmer hatte immer geglaubt, das Gespräch würde zu einem schrecklichen Kampf ausarten, den er zwangsweise verlieren würde (Stil III: Der Selbstlose), und dieser Glaube hatte jeden Erfolg verhindert.

Auch Chefs fühlen sich mickrig

Auch Chefs haben ein Selbstwertgefühl. Ob es gerade stark oder schwach ausgeprägt ist, erkennen Sie am Stil, den der Chef pflegt (s. Kapitel »U – wie Ursachensuche«, S. 42 ff.). Um fair und partnerschaftlich zu führen (Stil IV), muss der Chef ein gutes Selbstwertgefühl haben. Ein Chef, der bei jeder sich bietenden Gelegenheit draufhaut oder sich beweisen muss (Stil I: Der Selbstdarsteller), der sich aus allem raushält (Stil II: Der Anteillose) oder der immer klein beigibt, wenn er Druck von oben bekommt (Stil III: Der Selbstlose), hat offensichtlich ein geringes Selbstwertgefühl. Das

Selbstwertgefühl des Chefs bestimmt sein Verhalten. Er ist (meist) nicht deshalb böse zu Ihnen, weil Sie etwas verbrochen haben, sondern weil er sich schlicht mickrig fühlt.

Vor einigen Monaten coachte ich eine Klientin, die eine leitende Position übernommen hatte; eine Chefin also. Ihr Problem war ihre tief sitzende Angst, der Situation nicht gewachsen zu sein. Verständlich, nicht? Sie glaubte, in ihre bisherige Position nur aufgestiegen zu sein, weil noch niemand herausgefunden hatte, dass sie eigentlich nichts draufhat. Ihr Selbstwertgefühl war ziemlich im Keller. Sie können sich vorstellen, wie man mit so einem Selbstwertgefühl seine Mitarbeiter führt: mit Stil I bis III. Nachdem wir das Selbstwertgefühl der Chefin gemeinsam wieder aufgebaut hatten, lernte ich einige ihrer Mitarbeiter auf meinen Seminaren kennen. Alle waren des Lobes voll. Es mache richtig Spaß, mit ihr zusammenzuarbeiten, sagten sie. Sobald ihr Selbstwertgefühl wieder hergestellt war, konnte die Chefin auch andere motivieren.

Chefs mit starkem Selbstvertrauen führen gut. Umgekehrt heißt das: Ein Scheusal im Chefsessel ist kein Sadist, sondern ein armer Tropf. Er behandelt andere schlecht, weil er sich selbst nicht mag. Er gibt Ihnen keine Anerkennung, weil er sich selbst nicht anerkennt. Er kann nicht delegieren, weil er sich selbst nicht vertraut. Er schützt seine Mitarbeiter nicht, weil er auch auf sich selbst nicht aufpasst. Im Grunde seines Herzens fühlt er sich klein und mickrig. Deshalb sagt eine altgediente Sekretärin auch: »Wenn der Chef ohne Grund herumbrüllt, dann tue ich ihm etwas Gutes.« Raffiniert. Sie schreit nicht zurück (Stil I), sie schmollt nicht

(Stil II), sie baut den Chef einfach wieder auf. Wer sich gut fühlt, verfolgt andere nicht.

Dieses Einfühlungsvermögen in die Psyche des anderen ist ein nützliches Instrument bei der Erziehung Ihres Chefs. Da Sie Ihrer Einschätzung nach Probleme mit Ihrem Vorgesetzten haben und er daran bislang nichts geändert hat, können wir getrost vermuten, dass seine soziale Kompetenz nicht sonderlich hoch ist. Es fällt ihm schwer bis unmöglich, sich in andere hineinzudenken. Dass dies eine sehr wichtige Fähigkeit ist, erfahren Sie zurzeit am eigenen Leib. Sie haben Probleme mit Ihrem Chef und der Chef merkt das nicht einmal! Wenigstens nicht in ausreichendem Maße. Aber wie steht es mit Ihnen? Das Einfühlungsvermögen Ihres Chefs können Sie kaum ändern, doch reicht Ihr eigenes? Brüllen Sie zurück, wenn der Chef brüllt? Verkriechen Sie sich? Oder versetzen Sie sich in seine Lage und finden heraus, weshalb er brüllt? Fühlt er sich etwa bedroht, übergangen oder herabgesetzt? Oft löst sich ein Chefproblem allein dadurch, dass Sie erkennen, weshalb er sich ärgert. Wie bei der Sekretärin oben, die sofort merkt: »Er meint gar nicht mich – sein Ego ist verletzt.« Oder wie der Dichter sagt: Alles verstehen heißt alles verzeihen. Na ja, nicht alles; aber wenigstens regen Sie sich nicht länger unnötig auf, wenn Sie bemerken, dass der Chef sich nicht über Sie aufregt, sondern einfach nur ein Ventil für seinen anderweitig verursachten Ärger braucht.

Wenn Sie die Welt aus den Augen Ihres Chefs sehen – zugegeben, eine gewöhnungsbedürftige Perspektive –, dann werden Sie erstaunliche Entdeckungen machen. Nicht nur, dass sich Ihr Ärger halbiert. Manchmal kommt sogar so etwas wie Verständnis auf für den armen, in Sachzwängen gefangenen Chef – ein bislang ungekanntes Gefühl. Natürlich ist es nicht immer einfach, sich in seinen Chef hineinzuversetzen. Sie kennen seine Sorgen kaum, sie wissen nicht, was ihn im Innersten quält. Aber sie haben Hinweise darauf, die der Chef selbst Ihnen gibt. Addieren Sie seine beiläufigen Bemerkungen über den Geschäftsverlauf, die kursierenden Gerüchte und seine nonverbalen Signale, und Sie haben einen groben Eindruck von der Landkarte seiner Welt. Für viele Menschen ist dieser grobe Eindruck fast unerträglich: Was man versteht, kann man nicht mehr hassen. Der Abschied vom Feindbild »Chef« fällt uns manchmal erstaunlich schwer.

Wie wichtig ist Selbstvertrauen?
Wie hoch schätzen Sie es selbst ein?
Punkten Sie doch einfach mal!

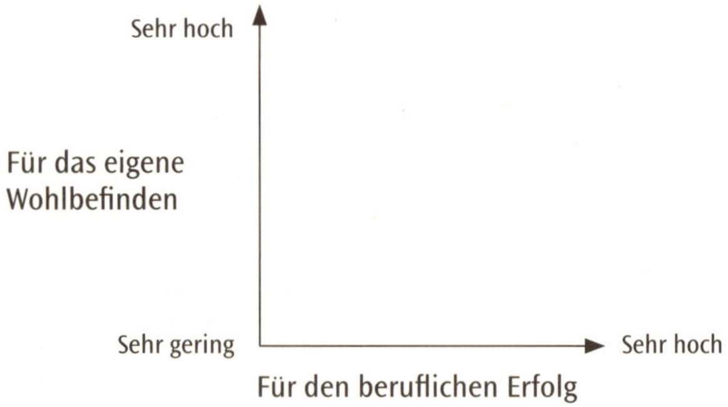

Woher das Selbstvertrauen kommt

Immer wieder werden Studien angestellt, die Personalleiter nach der wichtigsten Eigenschaft fragen, die ein Bewerber mitbringen muss. Was glauben Sie, kommt dabei regelmäßig heraus? Nicht Fachkenntnis oder Berufserfahrung oder Abschlussnote! An erster Stelle wurde selbstsicheres Auftreten genannt. Die meisten von uns wissen recht gut, wie entscheidend ein gesundes Selbstvertrauen ist. Man könnte fast sagen: Dem Selbstbewussten stehen alle Türen offen. Doch woher nimmt man dieses Selbstbewusstsein für einen sicheren Auftritt?

Woher kommt es, dass einige von uns vor Selbstvertrauen strotzen und andere eher unsicher sind? Virginia Satir, die berühmte Familienpsychologin, verglich das Selbstwertgefühl einmal mit einem großen Topf. Ein Topf, in den man etwas hineingeben, aus dem man aber auch etwas herausnehmen kann. Wenn wir »gut drauf« sind, ist der Topf randvoll. Wenn wir down sind, ist er leer. Dieser Topf erhält seine erste Füllung in frühester Kindheit, in den ersten sechs Lebensjahren, in denen wir alle besonders geprägt wurden. Wie voll der Topf bei dieser ersten Füllung wird, hängt von der Zuwendung und Ablehnung ab, die wir als Kind erfahren. Jedes Lob der Eltern füllt den Topf und jeder elterliche Tadel leert ihn ein stückweit. Der Saldo aus Einfüllen und Entleeren in den ersten sechs Lebensjahren ergibt das Grundvertrauen, wie es Virginia Satir nennt. Und mit diesem Grundvertrauen werden wir vom Elternhaus ins »spätere Leben« entlassen. Das heißt nicht, dass Kinder von Rabeneltern zeitlebens mit einem Manko an Selbstvertrauen herumlaufen müssen, nur weil Ihr Topf kümmerlich gefüllt wurde. Denn auch nach unserer Hauptprägungsphase wechselt der Füllstand unseres Topfes täglich, ja stündlich.

Es gibt Tage, da wird unser Topf gefüllt. Jemand macht uns ein Kompliment, der Friseur zaubert uns eine tolle Frisur aufs Haupt, ein wichtiges Projekt läuft gut oder der Chef lobt uns. Alle diese Ereignisse geben uns ein gutes Gefühl, das heißt, sie füllen unseren Topf. Das sind Tage, an denen wir das Gefühl haben, alles könne uns gelingen, und wir uns entsprechend verhalten. Tage, an denen wir sogar unsere lieben Mitmenschen als ganz nett wahrnehmen. Das heißt: Unser Selbstvertrauen steuert unser Verhalten und sogar unsere Wahrnehmung. Je größer unser Selbstvertrauen, desto konstruktiver ist unser Verhalten und desto positiver unsere Wahrnehmung. Leider bleibt das nicht so. Ein unhöflicher Kollege, ein rücksichtsloser Chef, ein ungeschickter Friseur oder ein gedankenloser Partner stoßen gegen unseren Topf, der Topf fällt um und das Selbstwertgefühl versickert im Boden. Wir mögen uns nicht mehr, wir verhalten uns entsprechend verunsichert und sogar unsere Wahrnehmung verändert sich. Wir nehmen unsere Mitmenschen plötzlich als gar nicht mehr so nett war – obwohl sie sich möglicherweise keinen Deut geändert haben. Aber unser Selbstbild hat sich geändert.

Manchmal reicht ein einziges Unheil, um unseren Topf völlig leer zu machen. Stellen Sie sich die Informatiker eines IT-Unternehmens in den frühen 90er Jahren vor: Die Branche boomt, die Informatiker haben Erfolg, sie bersten vor

Selbstsicherheit. Als ich damals in einem Seminar das Thema Selbstwertgefühl anschnitt, sagten einige: »Das ist das falsche Thema für uns. Uns geht's super!« Drei Jahre später war die IT-Branche auf dem absteigenden Ast. Viele Leute wurden entlassen, auch leitende Angestellte. Was bleibt übrig vom Selbstvertrauen der einst so selbstsicheren Informatiker?

Es gab Informatiker, die brachen nach dem Rauswurf völlig zusammen und griffen zur Flasche. Andere sagten: »Jetzt erst recht!«, und angelten sich einen neuen Job, wie schwierig das auch war. Die einen zogen ihr Selbstvertrauen voll und ganz aus dem Job – und erlitten damit emotionalen Schiffbruch: Als der Job weg war, war auch das Selbstvertrauen weg. Die anderen verachteten zwar diese äußeren Erfolge nicht, aber ohne sie waren sie sich auch etwas wert. Ihr Grundvertrauen war nicht so sehr von äußeren Faktoren abhängig, und deshalb kippte ihr Topf nicht völlig um, als die Kündigung kam. Worauf baut Ihr Selbstvertrauen? Auf unsichere äußere Ereignisse oder auf stabile innere Glaubenssätze?

Großes Selbstvertrauen – kleines Chefproblem

Menschen mit starkem Selbstwertgefühl geben nicht allzu viel darauf, was andere von ihnen halten. Deshalb sind sie auch nicht am Boden zerstört, wenn der Chef sie anschreit. Was der Chef sagt, ist zwar interessant und ein bestimmter Teil seiner Kritik ist auch berechtigt, aber »er kann einen

Großteil der Situation vor Ort von seinem Schreibtisch aus gar nicht richtig einschätzen«, denkt sich beispielsweise eine Bankfilialleiterin, als sie von ihrem Chef wegen der nicht erreichten Quartalszahlen kritisiert wird – während ein anderer Filialleiter ob der Kritik total deprimiert ist. Er macht sein Selbstwertgefühl stark von seinem Chef abhängig; sie tut es weniger – und steht besser da.

Menschen mit gesundem Selbstvertrauen freuen sich zwar, wenn der Chef sie lobt, der Friseur eine glückliche Hand hat oder ein Projekt durchkommt. Aber sie brauchen das nicht unbedingt, um sich gut zu fühlen. Eine Software-Entwicklerin sagt: »Es freut mich, wenn der Chef mich lobt. Aber wenn er es nicht tut, dann warte ich nicht händeringend darauf. Ich weiß selbst am besten, was ich leiste.« Stellen Sie sich diese Frau vor einem tobenden Chef vor. Die Tirade berührt sie viel weniger als den Kollegen, der sein Selbstvertrauen ganz davon abhängig macht, ob und wie sein Chef es aufbaut oder zerstört. Wer sich selbst achtet, braucht weniger Wertschätzung von außen. Er hört das Lob des Chefs zwar gerne, aber er braucht es nicht. Und er zieht sich umgekehrt nicht jeden Schuh an, den der Chef ihm hinhält. Kurz: Je stärker mein Selbstwertgefühl, desto kleiner sind meine Chefprobleme. Denn je selbstbewusster ich mich fühle,

- desto weniger Anerkennung brauche ich vom Chef und desto weniger stört es mich, wenn er sie mir vorenthält;
- desto eher rede ich mit ihm von Angesicht zu Angesicht (Stil IV), anstatt mich kleinzumachen (Stil III), mich abzukapseln (Stil II) oder zurückzuschlagen (Stil I) und damit das Problem noch zu verschärfen;

- desto eher traue ich mich, konstruktives Feedback zu geben (s. Kapitel »T – wie Talente«, S. 88 ff.) und Kritik konstruktiv anzunehmen.

Es ist ja nicht so, dass wir nicht wüssten, wie man mit dem Chef reden muss, wir trauen es uns nur nicht. Und so ist es mit allen Instrumenten zur Führung Ihres Chefs, die Sie in diesem Buch kennengelernt haben: Wenn Ihr Selbstvertrauen zu klein ist, um die Führungstechniken anzuwenden, dann nützt auch die beste Technik nichts! Wenn Ihr Selbstwertgefühl soo klein ist, dann fühlen Sie sich möglicherweise schon persönlich angegriffen, wenn der Chef nur mal grußlos vorübergeht. Deshalb sind Sie bei der nächsten Begegnung mit ihm kräftig auf dem Verteidigungstrip und denken gar nicht daran, konstruktives Feedback zu geben. Stattdessen reagieren Sie defensiv und eskalieren den Konflikt – nur weil Ihr Selbstvertrauen gerade so klein ist. Mit einem kräftigen Schuss Selbstvertrauen wäre das Chefproblem gar nicht so weit eskaliert! Also: Woher bekommt man mehr Selbstvertrauen?

Tanken Sie Selbstvertrauen: Die Erfolgsstory

Es gibt Dutzende von Möglichkeiten, Selbstvertrauen zu tanken. Eine der einfachsten und wirkungsvollsten ist: Erfolge feiern. Gerade in diesem Punkt unterscheiden sich selbstbewusste und unsichere Menschen eklatant. Unsichere Menschen »entschuldigen« sich für ihre Erfolge: »Ich hatte eben Glück.« »Der Kollege X hat das meiste dabei erledigt.« »Also so toll war das doch nicht.« Baut Sie das auf? Gewiss nicht. Man fühlt sich nicht besser, wenn man sein Licht unter den Scheffel stellt. Selbstsichere Menschen klingen ganz anders: »Danke, auf diesen Punkt habe ich besonders intensiv hingearbeitet.« »Ich habe einiges dafür getan und freue mich, dass es jetzt geklappt hat.« »Als ich hörte, dass das Projekt abgesegnet wurde, war ich richtig stolz auf meine Leistung.« Das baut auf, oder? In unserer westlichen Kultur ist es zwar leicht verpönt, aber es trifft trotzdem zu: Eigenlob stimmt! Man/frau fühlt sich besser danach – fragen Sie jeden Selbstbewussten. Es ist eine traurige Art der Selbstsabotage, seine Erfolge zu ignorieren oder zu verniedlichen. Jeder Mensch hat Erfolge, doch profitiert unser Selbstwertgefühl zu wenig davon, weil wir unsere Erfolge nicht entsprechend würdigen. Das lässt sich nachholen. Nichts baut besser auf als ein Triumphzug – mit Trompeten und Fanfaren –, und los geht's:

Nehmen Sie sich 20 bis 30 Minuten Zeit und ein Blatt Papier. Lehnen Sie sich bequem zurück und entspannen Sie sich. Achten Sie auf Ihre Atmung, die jetzt tiefer und immer entspannter wird. Genießen Sie die Entspannung und lassen Sie Ihre Gedanken über die letzten Jahre Ihrer Berufstätigkeit gleiten:

- Welche Erfolgsmomente fallen Ihnen ein?
- Wann und wo waren Sie mit sich zufrieden?

Immer wenn Sie eine solche Situation gefunden haben, notieren Sie bitte ein Stichwort. Lassen Sie sich dabei ruhig

Zeit. Manchmal dauert es etwas länger, diese Erfolgsmomente aus der hintersten Schublade des Gedächtnisses hervorzukramen. Wenn Sie fündig wurden, dann weiten Sie Ihre Suche über das rein Berufliche hinaus aus. Lassen Sie sich überraschen, welche Erfolge Ihnen wieder einfallen, an die Sie wahrscheinlich schon lange nicht mehr gedacht haben. Notieren Sie auch diese außerberuflichen Erfolge in Stichworten.

Sehen Sie sich jetzt das Blatt an: Das ist Ihre Erfolgsstory. Sie haben diese Erfolge tatsächlich errungen – aber haben Sie sie auch gewürdigt? Je länger Sie in Ihrem Gedächtnis kramen mussten, desto weniger wahrscheinlich ist das. Sie haben sich selbst um die emotionalen, motivationalen und mentalen Früchte Ihres Erfolges gebracht. Sie waren erfolgreich, aber haben sich keine würdige Siegesfeier gegönnt und deshalb ist Ihr Selbstwertgefühl jetzt nicht so hoch, wie es eigentlich sein könnte. Also holen Sie die Siegesfeier nach.

Nehmen Sie sich das erste Stichwort Ihrer Erfolgsstory vor. Treten Sie geistig noch einmal in den Augenblick des Triumphes hinein. Wie war das damals? Wer war dabei? Wo spielte sich der Triumph ab? Was für ein Gefühl war das damals? Wie waren die Lichtverhältnisse? Experimentieren Sie einmal mit dem Licht. Wenn Sie das Licht heller oder wärmer machen oder sich sogar selbst im Spotlight sehen – ist dann Ihr Siegesfilm noch angenehmer anzusehen? Was ist mit der Entfernung, aus der Sie den Film sehen? Wird der Triumph noch intensiver, wenn Sie sich beispielsweise in Nahaufnahme sehen? Wie ist die Tonspur zum Film? Wer hat was gesagt? Seien Sie kreativ! Bearbeiten Sie auch den Soundtrack

Ihrer Erfolgsstory. Legen Sie Verdis Marsch der Gladiatoren darunter, Queens »We are the Champions« oder was immer Ihre persönliche Siegeshymne ist. Das ist Ihr Triumph, kosten Sie ihn aus! Wozu, glauben Sie, hatten die alten Römer Triumphzüge für ihre siegreich heimkehrenden Feldherren? Die alten Römer waren nicht dumm. Ärmlich gefeierte Triumphe korrodieren das Selbstwertgefühl. Selbst am inneren Dialog Ihrer Triumphszene dürfen Sie nachträglich im Synchronstudio arbeiten. Was sagte damals Ihre innere Stimme? »Ganz ordentlich«? Das ist ja wohl untertrieben! Editieren Sie den Kommentar hinaus. Lassen Sie die innere Stimme sagen: »Einer der tollsten Erfolge meiner Karriere. Eine herausragende Leistung.« Und auch Ihre Gefühle können Sie jetzt auf den angemessenen Stand bringen. Wenn Sie damals innerlich nur mit den Schultern gezuckt und zum Tagesgeschäft übergegangen sind, dann halten Sie jetzt inne und kosten Sie aus vollen Zügen das süße Gefühl des Triumphes aus. Sie haben es sich verdient!

Spüren Sie dieses schöne Erfolgsgefühl. Nehmen Sie sich hierfür ruhig etwas mehr Zeit. Gute Gefühle zu genießen ist sehr angenehm und ausgesprochen lohnend für Gefühlsleben und Selbstwertgefühl – obwohl unsere westliche Kultur das implizit eher als unanständigen Gefühlsluxus abtut. Jedoch: Wenn man sich nicht mal mehr über ehrlich errungene Erfolge freuen darf, welcher Luxus ist dann noch gestattet? Man gönnt sich ja sonst nichts. Spielen Sie die nachträgliche visuelle, akustische und emotionale Bearbeitung Ihres persönlichen Erfolgsfilms mit allen Punkten Ihrer Erfolgsstory durch. Vielleicht dauert das Ganze dann länger als 30 Minuten – weil es so toll ist und Sie gar nicht mehr aufhören wollen. Wenn ich diese Übung im Seminar mache, dann berichten die Teilnehmer oft, dass sie sich plötzlich wieder an Situationen erinnern konnten, die lange Zeit aus dem bewussten Speicher herausgenommen waren. Der alte, erfolgverniedlichende Glaubenssatz hatte sie verdrängt, weil Erfolge nicht zum eher negativen Selbstbild passen. So beeinflussen sich Glaubenssätze und Selbstwertgefühl in einer geistigen Todesspirale gegenseitig.

Sie können jetzt sicher spontan fünf Erfolge aufschreiben, auf die Sie stolz sind. Vielleicht fallen Ihnen dabei auch noch Erfolge ein, die Sie bislang noch nicht auf Ihrer Liste hatten. Nehmen Sie sie in die Fünferauswahl herein, wenn Sie möchten. Lassen Sie diese fünf Erfolge noch einmal im Schnelldurchlauf vor Ihrem geistigen Auge vorüberziehen. Spüren Sie noch einmal das Gefühl des Erfolgs. Wählen Sie dann aus diesen fünf Erfolgsepisoden drei aus. Machen Sie sich diese drei Erfolge in ihrer ganzen Breite und Tiefe bewusst: Das sind Ihre Vorzeigeerfolge! Lassen Sie die drei Filme noch einmal vor sich vorbeiziehen. Diese drei Filme sind die drei Grundsteine zu Ihrem neuen, verbesserten und gesteigerten Selbstvertrauen – aber das haben Sie sicher selbst schon bemerkt.

Sobald wir uns nämlich die lange verdrängten Erfolge bewusst ins Gedächtnis zurückholen, macht unser Selbstbewusstsein einen Sprung: Das habe ich erreicht! Das kann ich! Eine Seminarteilnehmerin sagte einmal ganz verwundert: »Ich bin ja gut! Das war mir nicht bewusst!« Stellen Sie sich vor, dass Sie mit diesem Bewusstsein dem Chef begegnen, der mal wieder was zu nörgeln hat: Das tangiert Sie kaum. Ein Projektleiter meinte dazu: »Mein Projekt hat den größten Deckungsbeitrag – da berührt es mich nicht allzu sehr, wenn der Chef mir jetzt mit Getöse eine kleine Fehlbestellung vorwirft.« Nicht selten verselbständigt sich die Übung mit der Erfolgsstory. Ein Seminarteilnehmer: »Seit ich die Übung gemacht habe, achte ich auch im Alltag stärker auf meine Erfolge.« Die Erfolgsstory-Übung hat sein Selbstbewusstsein nicht nur einmalig gesteigert, sie hat auch den alten, erfolgverniedlichenden Glaubenssatz zurückgedrängt. Und wie wir ganz zu Anfang dieses Abschnittes gesehen haben, ist diese Fähigkeit, die alltäglichen Erfolge zu feiern, wie sie fallen, ein Hauptunterschied zwischen selbstbewussten und unsicheren Menschen. Wer seine Erfolge würdigen kann, wird selbstbewusst. Viele Menschen haben diese Erkenntnis zum Prinzip erhoben und führen täglich ein »Erfolgstagebuch«, in das sie ihre Erfolge eintragen – und jeder Mensch hat täglich zählbare Erfolge, sobald er beginnt, sie zu zählen. So bleibt Ihr Topf des Selbstvertrauens ständig gut gefüllt.

Wahre Erfolgsstory-Profis gehen noch einen Schritt weiter: Sie sehen Erfolge, wo gewöhnliche Menschen nur Niederlagen sehen. Als die Produktmanagerin eines Konsumgüterherstellers eine vernichtende Marktstudie erhielt, war sie wie ein Stehaufmännchen binnen Minuten mit der Erfolgskomponente zurück: »Endlich wissen wir, was wir falsch machen.« Wo andere sich am Boden zerstört in ihr Büro verkrochen und das Ende der Produktreihe abgewartete hätten – das dann sicher eingetreten wäre, denn mit Abwarten erreicht man selten etwas –, sah sie den Resterfolg und rettete damit ihre Produkte. Vielleicht war die Managerin blauäugig, vielleicht sah sie durch ihre subjektive Brille einen Erfolg, wo objektiv absolut keiner war – doch im Endeffekt steigerte der »Erfolg« ihr Selbstwertgefühl, das gesteigerte Selbstvertrauen ermöglichte mutige Maßnahmen, und so wurde aus dem imaginären Erfolg ein realer. Wie gesagt: Den Selbstbewussten gehört die Welt.

Noch eine Tankstelle: Rückgrat zeigen!

Haben Sie Lust auf ein kleines Experiment? Stellen Sie sich einmal etwas wirklich Unangenehmes vor. Denken Sie an Ihre nächste Steuererklärung oder eine Arbeit, die Sie längst hätten erledigen müssen, aber ständig vor sich herschieben. Etwa die Festplatte zu putzen, das Altpapier rauszubringen, endlich die alten Eltern mal wieder zu besuchen, das Auto zu waschen, den Dachboden aufzuräumen … Suchen Sie sich Ihren eigenen privaten Horrorgedanken aus. Was genau müssten Sie erledigen? Was denken Sie dabei? Was genau ist so unangenehm daran? Und jetzt achten Sie mal auf Ihre Körperhaltung. Wie sitzen oder stehen Sie da? Wo hängt Ihr Kopf, Ihre Schultern? Was macht Ihre Atmung, Ihre Mimik? Was machen die Hände, was Ihre Körperhaltung?

Wenn wir an Unangenehmes denken, igeln wir uns oft ein. Wenn wir sitzen, stützen wir den Kopf in die Hände, rollen das Rückgrat krumm und ziehen eine Schnute. Wenn wir stehen, lehnen wir uns irgendwo an, überkreuzen die Beine, verschränken die Arme, ballen die Fäuste, krümmen den Oberkörper wie ein Fragezeichen, lassen die Schultern und den Kopf hängen und runzeln jede Falte in unserem Gesicht. Das ist logisch, oder? Wenn wir an etwas Unangenehmes denken müssen, dann spiegelt sich das auch an der Körperhaltung wider. Auf diese Weise können wir auch auf 100 Meter erkennen, wann jemand gerade Ärger vor sich herschiebt. Gedanken beeinflussen die Körperhaltung oder wie die Sportlehrer sagen: Der Kopf steuert den Rumpf. Was die wenigsten Menschen wissen, ist: Das funktioniert auch umgekehrt. Deshalb lassen manchmal Psychotherapeuten ihre Patienten auf die Couch liegen. Wenn sich der Körper entspannt, entspannt sich auch der Geist. Sie können das sofort selbst erleben.

Stellen Sie sich einfach mal hin – das Buch können Sie in der Hand behalten. Pflanzen Sie beide Füße wie John Wayne zu seinen besten Zeiten hüftbreit auf den Boden auf. Richten Sie sich zu Ihrer vollen Größe auf. Atmen Sie von ganz tief unten ein und wölben Sie Ihre Brust heraus. Straffen Sie Ihre Schultern, nehmen Sie den Kopf hoch und lassen Sie den Blick in die Ferne schweifen – wie fühlen Sie sich? Gut, stark, selbstbewusst. Was denken Sie? Sichere, zuversichtliche, optimistische Gedanken. Achten Sie einmal bewusst darauf. Spüren Sie die Unterschiede nach. Auch diese Übung hat ihre Fans gefunden. »Vor jedem Meeting mache ich die Übung dreimal – ich gehe dann zehn Zentimeter größer in den Sitzungsraum«, berichtet ein Jungmanager, der heftige Troubles mit seinem Problemchef hat. Der Problemchef blieb derselbe, der Jungmanager nicht. Wo er früher wie ein Fragezeichen in der Landschaft hing, geht er jetzt selbstbewusst wie Clint Eastwood einher. Je öfter Sie die Übung machen, desto stärker spüren Sie, wie Ihre Körperhaltung Ihre Geisteshaltung beeinflusst. Unsere Umgangssprache weiß das schon lange: »Es war, als ob ein Ruck durch ihn hindurchginge.« »…als ob er plötzlich zehn Zentimeter größer wäre.« »Er zeigte Rückgrat.« Die Amerikaner sagen: He's standing tall – das bringt es auf den Punkt. Aufrechte Menschen sind selbstbewusst, selbstbewusste Menschen handeln aufrecht – Sie brauchen sich dafür nur einen selbstbewussten Menschen anzuschauen.

Rückgrat hat nicht nur positive Auswirkungen auf Ihre mentale Stärke – es wirkt auch auf Ihren Chef. Eine Vertriebscontrollerin berichtet: »Mein Chef hat einige fiese Tricks, mit denen er uns runtermacht. Oft taucht er hinter mir auf, während ich vor dem PC sitze und meckert an einer Tabelle herum. Er beugt sich dann richtig über mich – und ich sitze klein und hilflos da. Eines Tages bin ich einfach aufgestanden, als ich ihn kommen hörte, habe mich zu ihm rumgedreht, mich in voller Größe vor ihm aufgestellt und freundlich gefragt: ›Was kann ich für Sie tun?‹ Das habe ich drei Tage hintereinander gemacht – seither lässt er mich in Ruhe.« Logisch, denn ein Selbstdarsteller (Stil I) redet gerne von oben herab. Wenn sein »Opfer« plötzlich aus dem Parterre auftaucht und ihm Auge in Auge begegnet, verliert er die Lust an der Selbstdarstellung. Von Personalchefs weiß man übrigens, dass sie unbewusst Bewerber bevorzugen, die ihnen nicht eingesunken und unsicher, sondern aufrecht gegenübersitzen. Tipp: Lesen Sie ein gutes Buch über Körperhaltung und/oder üben Sie vor dem Spiegel – die Unterschiede können Sie mit bloßem Auge entdecken. Zeigen Sie Rückgrat! Das tut Ihnen gut und zeigt allen anderen, wer Sie sind.

Tanken Sie weiter: Change History

Was Sie mit Ihrer Erfolgsstory gemacht haben, war eigentlich ganz banal: Sie haben Ihre ungewürdigten Erfolge ausgegraben, sie angemessen gewürdigt und damit Selbstvertrauen getankt. Sie sehen daran: Die Vergangenheit beeinflusst die Gegenwart. Jeder von uns weiß das besser, als ihm lieb ist. Denn jeder hat so seine Leichen im Keller. Kapitale Fehler, für die wir uns noch heute schämen. Peinliche Momente, die wir einfach nicht vergessen können und die uns noch heute schwer im Magen liegen. Kennen Sie einige? Dann brauchen Sie nur daran zu denken, um eine Reaktion zu erleben. Manche schließen gequält die Augen und seufzen schwer, andere bekommen fast Magenweh, wenn sie nur an dieses eine Fiasko denken. Die Vergangenheit lässt sie nicht in Ruhe. Und immer taucht diese böse Erinnerung zum ungünstigsten Zeitpunkt auf und nimmt den Wind aus unseren Segeln. Gerade wenn Sie jedes Gramm Selbstvertrauen brauchen, tönt die innere Stimme »Erinnere dich: Damals ...« und schon fühlen Sie sich gehemmt und schwach. Die Vergangenheit hängt wie ein Klotz am Bein und hindert Sie daran, selbstsicher aufzutreten. Betten Sie die alten Quälgeister endlich zur letzten Ruhe!

Niemand kann die Vergangenheit ändern, aber jeder kann seine Reaktion darauf verändern. Wenn eine bestimmte Situation aus der Vergangenheit Sie nicht loslässt – lassen Sie sie los! Change History – ändern Sie die Geschichtsbücher. Gehen Sie in Gedanken noch einmal ganz in die belastende Situation hinein, erleben Sie den gesamten Ablauf noch einmal vor Ihrem geistigen Auge – brrr, das kann emotional sehr belastend sein, aber das brauchen wir, um ein für alle Mal mit der Vergangenheit abzuschließen. Wenn Sie die Situation bis zu ihrem unrühmlichen Ende noch einmal nachempfunden haben, stehen Sie auf! Schütteln Sie Arme und Beine aus wie ein Sprinter nach einem anstrengenden Lauf und atmen Sie tief durch. Mit diesen Lockerungen schütteln Sie quasi die Situation auch körperlich ab.

Ziehen Sie dann den Zauberstab aus dem Ärmel. Stellen Sie sich vor, wie die Situation hätte laufen können, damit Sie heute damit zufrieden wären. Formulieren Sie diese Wunschvorstellung s.m.a.r.t. (s. Kapitel »S – wie Smarte Ziele«, S. 69). Also s – selbstinitiierbar: In der Situation taucht nicht plötzlich ein deus ex machina oder eine Zauberfee auf, die die Situation rettet, sondern Sie sind es, der den entscheidenden Unterschied setzt. S – sinnesspezifisch: Hören, sehen, fühlen, riechen und sprechen Sie alles vor Ihrem geistigen Auge, was tatsächlich in der neuen Situation abläuft. Tun Sie einfach so, als ob – das ist das a – die Situation tatsächlich so abgelaufen wäre und Sie sich gerade daran erinnern. Aber bleiben Sie r – realistisch. Lösen Sie die Situation beispielsweise nicht per Unternehmensverkauf, wenn Sie kein Vorstandsvorsitzender sind. Sie dürfen jedoch Erkenntnisse, Fertigkeiten und Fähigkeiten neu hinzunehmen, die Sie damals nicht hatten, aber heute haben oder mit realistischem Aufwand haben könnten; beispielsweise die Fähigkeit, Sandwich-Feedback zu geben. Schon allein damit lassen sich viele peinliche Situationen in der Vergangenheit gedanklich verändern. Und träumen Sie t wie total positiv: Nicht-Träume funktionieren nicht, weil man negative Objekte nicht träumen kann. Außerdem sollte auch die Zeit – t wie time – stimmen: Eine Lösung, die erst bei Ihrer Pensionierung wirksam wird, ist keine gute Lösung.

Es braucht wenig Zeit und etwas Fantasie, die neue Situation zufriedenstellend zu konstruieren. Es ist wie mit dem Drehbuchschreiben, mit etwas Tüftelei stimmt das Skript bald. Und jetzt kommt der Clou: Das funktioniert! Unser Gehirn ist nämlich nichts anderes als ein Supercomputer. Es verarbeitet und speichert Daten, aber es kann wie Ihr stinknormaler PC nicht unterscheiden, ob die Daten extern oder intern generiert sind. Deshalb funktionieren Placebos (s. Kapitel »Was glauben Sie?«, S. 149). Man kann sogar schwerste Schmerzmittel durch Traubenzucker ersetzen – schockierend, aber eine US-Studie tat das – weil das Gehirn prinzipiell nicht unterscheiden kann, ob die schmerzstillende Wirkung von außen kommt oder nur eingebildet ist. Fakt und Fantasie sind für das Gehirn gleichwertig – solange sie beide gleich intensiv erlebt oder vorgestellt werden. Deshalb können Sie die Gespenster aus Ihrer Vergangenheit endlich zur Ruhe legen, indem Sie Ihre eigene Geschichte neu schreiben: Change History. Die alte peinliche Situation wird einfach wie auf einer PC-Festplatte mit der neuen schönen Situation überspielt. Unserem Gehirn ist es egal, ob etwas real oder nur in unserer Vorstellung existiert. Wer in der Biologiestunde auch nur halbwegs wach blieb, weiß auch warum. Die Synapsenbahnen in unserem Denkapparat werden von realen Ereignissen und fiktiven Vorstellungen gleich enerviert. Es gibt keine separaten Nervenbahnen für Realität und Fantasie. Alles fließt über dieselben Nervenbahnen, also ist alles – in dieser Hinsicht – gleichwertig.

Wenn unserem Gehirn also egal ist, ob etwas real ist oder ob wir es uns nur vorstellen, dann können wir die Art der Abspeicherung bewusst verändern. Wir tun es s.m.a.r.t. und erleben spürbare Erleichterung. »Mir fällt eine Zentnerlast von den Schultern«, sagte ein Seminarteilnehmer einmal. Wir schreiben die Situation einfach so um, dass sie unser Selbstbewusstsein nicht mehr in den Keller treibt, sondern dass sie unser Selbstwertgefühl steigert.

Der Teufelskreis des mangelnden Selbstvertrauens

Die Erfolgsstory und Change History sind zwei Techniken, mit denen wir aus der Vergangenheit heraus unser Selbstvertrauen in der Gegenwart steigern können. Jetzt kehren wir von unseren beiden Reisen in die Vergangenheit zur Gegenwart zurück. Viele Menschen arbeiten stündlich daran, sich selbst fertigzumachen. Wer sich wenig zutraut, sucht Zuflucht in den Stilen I bis III (s. Kapitel »U – wie Ursachensuche«, S. 53 ff.). Also er (der Selbstlose) macht sich noch kleiner, um keine weiteren Tiefschläge zu riskieren, oder er (der Anteillose) hält sich aus allem raus, oder er (der Selbstdarsteller) trägt ein bisschen dick auf, um nicht übersehen zu werden. Wie wir gesehen haben und immer wieder an uns selbst und anderen beobachten, wird davon der Topf jedoch nicht wirklich voller, weshalb wir nur noch wilder nach unserem bevorzugten Stil leben – ein Teufelskreis. Die Stile I bis III werden zwar ergriffen, um das lädierte Selbstvertrauen wieder aufzupäppeln, aber sie sind Eigentore! Sie funktionieren nicht. Sie funktionieren nicht nur nicht, sie verstecken diese Fehlfunktion manchmal auch perfekt.

Wir haben keine Gelegenheit, innezuhalten und zu sagen: »Hey, funktioniert ja gar nicht!«, weil wir uns beispielsweise in einem Freundes- und Bekanntenkreis bewegen, der unseren Selbstsabotagestil auch noch fördert. Selbstdarsteller beispielsweise sind oft die Seele der Party und werden vorwurfsvoll von der Seite angeschaut, wenn sie sich tatsächlich mal nicht wie die Verrückten produzieren und stattdessen ihr Selbstwertgefühl mit Stil IV partnerschaftlich pflegen. Die Kontaktanzeigen sind voll von diesem Selbstbetrug. »Selbstloser sucht Selbstdarstellerin« – oder umgekehrt. Das kann eine gelungene Symbiose werden – ein Selbstdarsteller produziert sich immer dann am besten, wenn ein Selbstloser ihm wie gebannt an den Lippen hängt. Die Paartherapiesitzungen sind voll von diesen Symbiosen – denn sie funktionieren nicht. Beide Partner gehen daran zugrunde. Der eine brennt wie ein heißlaufender Motor aus und der andere erstickt an mangelnder Selbstentfaltung. Und wie sieht das mit Ihrem Freundes- und Bekanntenkreis aus?

Werden Sie in einen der drei Stile reingedrängt, obwohl Sie jetzt genau wissen, dass Ihnen das auf Dauer nicht guttut? Welche Freunde und Beziehungen tun Ihnen und Ihrem Selbstwertgefühl wirklich gut? Wo machen Sie nur den Hampelmann, den Schweiger oder den Fußabstreifer und wo werden Sie wirklich aufgebaut, weil Sie als Partner behandelt werden und sich auch so fühlen (Stil IV)? Wo es geht, sollten Sie Ihren Freundeskreis bewusster aussuchen. Wo Sie mit vorhandenen Beziehungen leben müssen – aber nur da, wo Sie wirklich müssen –, das ist relativ stark in der Familie der Fall und etwas schwächer bei Kollegen und beim Chef, da können Sie sich immerhin noch ganz bewusst dafür entscheiden, was Sie mit sich machen lassen und was nicht. Niemand muss sich einen der drei Stile aufdrängen lassen! Genau dafür haben Sie das Sandwich-Feedback. Sagen Sie den Menschen um sich herum konstruktiv und höflich, was Ihnen nicht gefällt und was Sie stattdessen haben möchten. Schützen Sie Ihr Selbstwertgefühl, indem Sie konstruktives Feedback geben. Sie sehen, wie alles ineinandergreift: Um richtiges Feedback geben zu können, brauchen Sie Selbstvertrauen, und um das Selbstvertrauen zu behalten, müssen Sie permanent Feedback geben. Ein schöner Regelkreislauf und eine runde Sache – wie alle wichtigen Dinge im Leben.

Das tägliche Training Ihres Selbstvertrauens

Carl Lewis, mit ungefähr einem Dutzend Olympiamedaillen einer der erfolgreichsten Sportler aller Zeiten, sagte einmal: »Auch Selbstvertrauen ist ein Muskel. Wenn wir es nicht trainieren, wird es schlaff.« Vielleicht joggen wir dreimal die Woche, essen zweimal richtig gesund und spannen einmal richtig aus – aber wie oft trainieren wir unser Selbstvertrauen? Und vor allem: In welcher Relation stehen Situationen, in denen wir uns selbst runtermachen – »Was tust du da wieder? Du Idiot, so funktioniert das nie!« – zu Situationen, in denen wir uns aufbauen? 10 zu 1? 100 zu 1? 1000 zu 1?

Ich kenne eine Menge Menschen, die sich rührend um ihre Partner, ihre Kinder, ihre Kollegen, ihre Projekte, ihren Verein und ihre Haustiere kümmern – um sich selbst kümmern sie sich kaum. Das Haustier bekommt die teuersten Leckereien aus der TV-Werbung und jede Menge Auslauf, sie selbst vertilgen Fastfood und bewegen sich von Stuhl zu Stuhl – Bürostuhl – Fahrstuhl – Autosessel – Fernsehsessel. Sie kümmern sich besser um ihr Haustier als um sich selbst. Das ist so, wenn das Selbstwertgefühl niedrig ist. Das Wort sagt es schon: Was von geringem Wert ist, darum kümmert man sich auch nicht besonders – weshalb es seinen geringen Wert beibehält. Wenn wir uns nicht einmal um uns selbst kümmern, wie soll dann unser Selbstwertgefühl jemals so steigen, dass wir unserem Problemchef selbstbewusst begegnen können? Wie soll der Chef uns achten, wenn wir uns nicht selbst achten und ihm diese mangelnde Selbstachtung permanent stumm kommunizieren? Wer sich selbst nicht achtet, kann auch nicht selbstbewusst auftreten. Glücklicherweise ist dieser Zusammenhang ähnlich umkehrbar wie der Zusammenhang von Geistes- und Körperhaltung: Wer beginnt, sich selbst zu achten, bekommt auch mehr Selbstvertrauen. Doch um uns selbst stärker zu achten, müssen wir zuerst wieder entdecken, was wir eigentlich selbst brauchen. Wir sind blind für unsere eigenen Bedürfnisse geworden.

Welche persönlichen Bedürfnisse sind bei Ihnen in letzter Zeit zu kurz gekommen?

Gesundheitliche Bedürfnisse: ______________________

Geistige Bedürfnisse: ______________________

Soziale Bedürfnisse: ______________________

Andere Bedürfnisse: ______________________

Formulieren Sie für sich selbst ein s.m.a.r.t.es Ziel. Was werden Sie tun, um sich ein paar lange ignorierte Wünsche zu erfüllen?

s: ______________________

m: ______________________

a: ______________________

r: ______________________

t: ______________________

Die körperliche Fitness ist eine hervorragende Quelle für Selbstvertrauen. Ein Tennis-Clubmeister, ein erfolgreicher Marathonläufer oder ein fleißiger Tai-Chi-Schüler wird sich niemals von einem Problemchef so stark herunterziehen lassen wie jemand, der als Selbstwertpolster nicht einmal diese sportlichen Erfolgserlebnisse hat. Jeder Erfolg vergrößert das Selbstvertrauen, und sportliche Erfolge vergrößern auch das Selbstvertrauen für berufliche Ziele. Genauso fruchtbar ist die geistige Fitness. Immer wieder erlebe ich Teilnehmer, die sich auf Seminaren und Fortbildungen ihre Erfolgserlebnisse holen und diese dann stolz vorweisen. Wer sich bildet, kann mitreden und mitbeurteilen und sich geistig dem Problemchef ebenbürtig fühlen. Welche Themen und Wissensgebiete interessieren Sie?

Was könnten Sie tun, um auf diesen Gebieten fitter zu werden?

____

____

Was ist hier Ihr s.m.a.r.t.es Ziel?

____

____

____

____

____

Neben sportlichen und intellektuellen gibt es noch viele andere Möglichkeiten, das Selbstwertgefühl zu steigern. Jeder Mensch hat seine eigenen, speziellen, die bei ihm besonders gut funktionieren. Wir haben hier nur die vier wichtigsten angeschaut:

- sich mit den richtigen Menschen umgeben,
- im Alltag besser auf die eigenen Bedürfnisse hören,
- körperliche Fitness,
- geistige Fitness.

Und nicht zu vergessen die Glaubenssätze (s. Kapitel »Was glauben Sie?«, S. 153). Dass sich so viele Menschen so wenig um sich selbst kümmern, liegt nämlich meist an so hinderlichen Glaubenssätzen wie »Ich bin nicht wichtig«, »Es darf mir erst dann gutgehen, wenn es den anderen gutgeht«, »Ich darf nicht eigensüchtig sein«. Warum denn nicht? Wenn man Hunger hat und deshalb eine Portion Pommes isst, ist das dann eigensüchtig? Nein, kein Mensch würde das behaupten, das ist einfach nur vernünftig. Und wenn ich im Schaufenster das neue Joop-Parfum oder ein tolles Auto-Magazin sehe und weiß, dass ich mich damit einfach besser fühlen werde, warum soll sein Kauf dann weniger vernünftig sein als der Kauf der Pommes? Wo ist da die Logik? Nirgends, denn Glaubenssätze sind nicht logisch. Sie sind nur hinderlich – oder förderlich. Wenn Sie also Glaubenssätze entdecken, die Ihr Selbstwertgefühl behindern, dann werfen Sie sie raus. Wie das geht, haben Sie im Kapitel »Was glauben Sie?«, S. 149 ff., gesehen.

Ankern Sie das gute Gefühl

Wir haben uns jetzt so ausgiebig über ein gesundes Selbstvertrauen unterhalten, dass Sie sich allein schon durch die Lektüre selbstsicherer fühlen, ganz zu schweigen davon, wie stark Ihr Selbstwertgefühl durch die verschiedenen Übungen gewachsen ist. Wenn dieses gute Gefühl nur ewig bliebe! Doch Sie malen sich sicher schon aus, wie schnell das gute Gefühl verfliegen wird, wenn Ihnen morgen wieder Ihr Problemchef begegnet. Das muss nicht sein. Denn das gute Gefühl lässt sich so ankern, dass es auch kein Chefsturm wieder losreißen kann. Sind Sie bereit, den Anker zu setzen?

Kramen Sie nochmals Ihre Erfolgsstory hervor und lassen Sie die Filme Ihrer drei Vorzeigeerfolge vor Ihrem geistigen Auge ablaufen. Spüren Sie das gute Gefühl und nehmen Sie die Körperhaltung ein, die mit diesem guten Gefühl einhergeht. Gibt es einen Begriff oder einen Merksatz und eine Handbewegung, die dieses Gefühl noch unterstreichen können? Manche Menschen sagen sich »Ich schaffe es!« und ballen die Becker-Faust. Eine Sekretärin rückt immer ihre Brille zurecht, als ob sie ein Zielfernrohr justierte – die Möglichkeiten sind unbegrenzt. Es sollte einfach nur ein Merkspruch oder ein Wort und eine Handbewegung sein, die dieses gute Gefühl bei Ihnen verstärken. Nehmen Sie diese Koppelung fünfmal vor. Lassen Sie den Erfolgsfilm laufen, beachten Sie das gute Gefühl, achten Sie auf die Körperhaltung, sagen Sie sich laut (oder nur innerlich, wenn Ihnen das lieber ist) Ihr »Schubwort« und machen Sie die motivierende Handbewegung. Und alles, wie gesagt, fünf Mal. Damit ist der Anker gesetzt.

Ankern funktioniert so ähnlich wie der berühmte Pavlov'sche Hund. Immer wenn es Futter gab, leuchtete über dem Futternapf eine rote Lampe auf. Als Pavlov dann nur noch die Lampe einschaltete, ohne Futter zu geben, lief dem Hund trotzdem das Wasser im Mund zusammen – auch ohne Futter! Wenn also Ihr Problemchef unheildräuend wie eine Gewitterfront vor Ihnen auftaucht, können Sie mit dem Anker Ihr Selbstvertrauen wieder abrufen – obwohl weit und breit keines zu sehen ist. Sie können es deshalb, weil Sie Haltung, Bewegung und Begriff mit dem gewünschten Zustand verknüpft haben. Und diese Verknüpfung können Sie jetzt im Alltag nützen, wie Sie in der Mathematik-Klassenarbeit die »Mitternachtsformel« für binomische Gleichungen genutzt haben, die Sie auswendig gelernt haben. Das wissen die wenigsten: Nicht nur Wissen, auch Verhalten lässt sich quasi »auswendig« lernen und auf Knopfdruck abrufen. Das können Sie übrigens sofort testen.

Stellen Sie sich einfach eine unangenehme Chefsituation vor, in der Sie sich bislang unterbuttern ließen oder aus purem Mangel an Selbstvertrauen patzig oder defensiv wurden. Den Jour fixe beispielsweise, das Monatsmeeting, ein wichtiges Vier-Augen-Gespräch, eine drohende Präsentation oder gar das Gespräch, das Sie mit Ihrem Problemchef führen wollen, um ihm endlich zu sagen, was Sie stört und was er anders machen soll. Stellen Sie sich diese Situation in allen Details vor … Nicht wahr, Ihr Mut schmilzt dahin wie Märzschnee in der Frühlingssonne? Nun nehmen Sie Ihre aufrechte Erfolgshaltung ein, sagen Sie sich Ihr »Schubwort« und machen Sie die motivierende Handbewegung – schon verändert sich Ihr Gefühl. Je öfter Sie zum Anker greifen, desto stärker verändert sich Ihr Gefühl – Übung macht den Meister. Und wenn es in Gedanken funktioniert, dann funktioniert es auch in der realen Chefsituation – dass das Gehirn keinen Unterschied zwischen beiden kennt, wissen wir jetzt. Probieren Sie es. Verlieren können Sie nichts dabei; Sie können nur gewinnen.

The New Behavior Generator

Wenn Sie Ihre äußere Realität verändern wollen, müssen Sie bei Ihrer inneren Realität beginnen. Wenn Sie zu wenig Courage haben, um Ihren Chef zu erziehen, dann müssen Sie zuerst Ihr Selbstvertrauen ändern, bevor Sie Ihren Chef ändern. Spitzensportler sind oft Meister der inneren Veränderung: Sie trainieren mental. Bevor ein Basketball-Profi seinen Strafwurf verwandelt, hat er ihn vor dem entscheidenden Spiel schon Dutzende Male vor seinem geistigen Auge verwandelt. Wie unglaublich und durchschlagend dieses Mentaltraining wirkt, haben Sie zu Beginn des Kapitels »S – wie Smarte Ziele«, S. 67 (»Ein kleines Experiment«) schon am eigenen Körper erfahren. Die Wahrscheinlichkeit, dass Sie ein gewünschtes Verhalten tatsächlich beherrschen, wenn's darauf ankommt, ist um so höher, je öfter und intensiver Sie das gewünschte Verhalten vorab mental simuliert haben. Diese Simulationstechnik nutzen in der Zwischenzeit nicht nur Spitzensportler, sondern Menschen aller Berufe, die zu einem ganz bestimmten Zeitpunkt optimale Leistung bringen müssen, wie zum Beispiel Schauspieler, Manager, Prüflinge oder Bewerber.

Wer sich etwas vorstellt, stellt quasi etwas vor sich hin, das er erreichen kann. Er setzt sich ein positives Erfolgsbild. Etwas, das wir uns gedanklich x-mal vorgestellt haben, wirkt wie eine sich selbst erfüllende Prophezeiung. Und solche Prophezeiungen haben wir alle schon hundertmal erlebt. Wenn wir nur immer wieder vor unserem geistigen Auge sehen, wie wir uns bei der nächsten Rede vor Publikum blamieren, blamieren wir uns meist auch. Wenn die Technik in die falsche Richtung funktioniert, funktioniert sie auch in die richtige.

Es geht also darum, sich ein neues Verhalten vorzustellen und es mental so zu trainieren, dass es auf Abruf sitzt. So heißt die Technik auch: New Behavior Generator (NBG) – ein Generator, der ein neues Verhalten generiert. Bei dieser Technik ist es sinnvoll, wenn Sie sich das gewünschte Verhalten erst einmal von außen betrachten. Ähnlich wie bei der Monitor-Technik (s. Kapitel »Ihr Chef macht Sie runter«, S. 137). Schauen Sie sich vor Ihrem geistigen Auge erst selbst zu, wie Sie das neue Verhalten in einer zukünftigen Situation Ihrem Chef gegenüber praktizieren. Sie sitzen quasi als Kinobesucher im Kinosessel und schauen sich einen Film an, in dem Sie auch die Hauptrolle spielen – »Der Chef und ich« oder wie Sie den Film auch nennen wollen. Der Film ist das Neueste, was die Multimedia-Technik zu bieten hat:

Sie können den Film ändern, während er läuft! Sie sind also nicht nur Zuschauer und Hauptdarsteller, sondern auch Regisseur. Gestalten Sie den Film vor Ihrem geistigen Auge so, dass Sie dabei ein gutes Gefühl haben – und der Chef auch. Racheorgien beispielsweise taugen nicht als Kassenschlager, weil sie nicht s.m.a.r.t. (s. Kapitel »S – wie Smarte Ziele«, S. 69) sind – der Chef schlägt zurück, und der Film war reine Science-Fiction. Also machen Sie einen s.m.a.r.t.en Film.

Wenn Sie mit dem Ablauf ganz zufrieden sind, verlassen Sie Ihren Kinosessel und steigen Sie in den Film hinein – seit Woody Allens »Purple Rose of Kairo« und Arni Schwarzeneggers »Last Action Hero« ist der Schritt in die Leinwand ja kein Problem mehr. Seien Sie mittendrin und erleben Sie die Situation hautnah aus Ihren eigenen Augen. Spüren Sie das Adrenalin, fühlen Sie Ihre Emotionen und spüren Sie auch nach, was der Chef empfindet. Fühlt sich das noch nicht so an, wie Sie es wünschen? Dann klettern Sie wieder in den Kinosessel hinüber und geben Sie sich selbst die passenden Regieanweisungen. Springen Sie dann wieder mitten in den Film und beobachten Sie die Effekte. Ist jetzt alles okay? Dann heißt es »Cut and print«, wie die Filmregisseure sagen.

Wenn Sie Ihren optimalen Ablauf gefunden haben, spielen Sie den Film mindestens fünfmal gedanklich durch – die Basketball-Profis machen es täglich Dutzende Male, deshalb sind sie so traumhaft treffsicher. Wenn der Film in Ihrem Kopf ohne Filmriss bis zum Happy End durchläuft, dann sind Sie für die reale Chefsituation gewappnet – oder kommt ein dickes Ende nach? In der Coaching-Literatur finden wir unter »Dickes Ende« beispielsweise den langjährig unterdrückten Ehemann, der sich mit dem New Behavior Generator endlich einen selbstbewussten Auftritt vor seiner überfürsorglichen Frau antrainierte. Als der große Augenblick kam, schnurrte das Neue Verhalten wie am Schnürchen ab, was er seinen Kumpels am Stammtisch abends mit gebrochener Stimme gestand. »Jetzt will mich meine Frau verlassen, die Kinder sind total erschrocken, weil ich noch nie laut wurde und der Hund hat Angst vor mir.« Eigentor. Deshalb eine letzte Kontrollfrage, bevor Sie Ihr neues Verhalten am Chef ausprobieren: Gibt es irgendetwas, das gegen diese Lösung spricht?

Ist das neue Verhalten auch für Ihren Chef akzeptabel? Wirklich? Könnten an anderer Stelle irgendwelche Nachteile auftreten, an die Sie bislang nicht gedacht haben? Wer könnte negativ reagieren oder was könnte schieflaufen, wenn Sie jetzt plötzlich neue Saiten aufziehen? Woran haben Sie bislang nicht gedacht? Und ist das, was Sie bislang nicht einkalkulierten gravierend oder tolerabel? Eine Seminarteilnehmerin erzählte mir dazu einmal, dass sie ihr Chefproblem mit dem NBG zwar gelöst, aber dafür prompt ein neues bekommen habe: Ihre Kollegin fühlte sich von ihr im Stich gelassen und das gute Verhältnis ging den Bach hinunter. Fragen Sie sich also, wie sich Ihr neues Verhalten und seine Folgen auf alle irgendwie beteiligten Personen und Prozesse auswirken wird – sofern das absehbar ist. Können Sie diese unerwünschten Nebenwirkungen tolerieren? Können Sie die Nebenwirkungen verhindern? Und wenn nein, was ist Ihnen mehr wert – das neue Verhalten oder die Vermeidung der Nebenwirkungen?

»Bittet, so wird euch gegeben.«

MATTHÄUS 7,7

»Es gibt nichts Gutes,
außer man tut es.«

ERICH KÄSTNER

Packen wir's an

Das 7-Punkte-Sofortprogramm

Erich Kästner hatte recht: Vom Abwarten werden die Probleme nicht kleiner. Packen wir also Ihr Chefproblem an. Vielleicht haben Sie bereits die eine oder andere Technik aus dem Buch an sich oder Ihrem Chef ausprobiert und würden das Ganze jetzt etwas systematischer und strukturierter angehen. Oder Sie sind noch unentschlossen und wissen nicht, wie und wo Sie mit der Cheferziehung beginnen sollen. Also wollen wir gemeinsam die Frage beantworten: What to do on Monday morning? Was sind die konkreten Schritte?

»Wenn du wirklich Frieden haben willst, versuche, dich selbst zu ändern, nicht die andern. Es ist einfacher, einen

Regenschirm aufzuspannen, als vom Regen zu erwarten, dass er aufhört.«

Anthony de Mello

1. Schritt: Jetzt reicht's!

Auch der längste Weg beginnt mit dem ersten Schritt. Das klingt banal, aber wenn wir einmal auf unsere lange Bank schauen, auf die wir unsere unliebsamen Projekte schieben, dann finden wir dort einige, die nur deswegen immer noch dort liegen, weil wir den ersten Schritt nie getan haben. Und der erste Schritt, das wissen wir jetzt, beginnt im Kopf. Der Chef geht uns schon wochen-, monate- oder gar jahrelang auf den Geist, aber irgendwann muss Schluss sein. Irgendwann geben wir uns innerlich den Ruck und sagen uns:

»Genug ist genug.«
»Ich halte das nicht länger aus.«
»So kann das nicht weitergehen.«
»Ich habe mir das lange genug gefallen lassen.«
»Jetzt handle ich.«

Das ist der Augenblick, in dem Sie Ihre Zukunft in die eigene Hand nehmen. Manche Menschen erleben diesen inneren Ruck eher unbewusst: Irgendwann ruckt es eben. Man kann sich diesen Ruck aber auch ganz bewusst geben; wie es in der Umgangssprache heißt: »Gib dir endlich einen Ruck!« Gehen Sie in sich, überdenken Sie Ihre gegenwärtige Situation: Sie sind unzufrieden damit. Wie unzufrieden? Wollen Sie noch ein bisschen leiden? Oder reicht der Leidensdruck schon aus, um sich auf die Hinterbeine zu stellen? Dann hauen Sie mit der Hand auf den Tisch oder stehen Sie auf, richten Sie sich auf, atmen Sie tief ein – ein kleines Ritual, mit dem Sie sich selbst signalisieren: Jetzt reicht's! Ich gebe mir den Ruck!

2. Schritt: Was stört Sie?

Ihr Entschluss steht fest, etwas zu unternehmen. Jetzt stellt sich die Frage: Was? Was stört Sie an Ihrem Chef? Was ertragen Sie nicht? Was macht er falsch? Notieren Sie in Stichworten:

Erstellen Sie daraus eine Hitliste. Welches sind die drei größten Ärgernisse an Ihrem Chef?

1 ______________________________

2 ______________________________

3 ______________________________

Diese Ärgernisse wollen Sie abstellen. Wie?

3. Schritt: Die Kontrolle der Einflussfaktoren

Ist Ihr Chef tatsächlich ein Scheusal oder wird Ihr Chefproblem vielleicht auch von anderen Faktoren verursacht? Klären Sie diese Frage, bevor Sie die großen Geschütze auffahren. Es ist peinlich, jemanden wie ein Scheusal zu behandeln, der eigentlich nur selbst im Stress ist und ums Überleben rudert – und es geht immer nach hinten los, weil es das Problem verschärft. Also checken Sie ab, ob und inwieweit Ihr Chefproblem von Faktoren verursacht wird, die Sie beeinflussen oder ganz abstellen können. Bedienen Sie sich dazu der folgenden Checkliste. Sie können dazu Ihre Vorarbeit aus dem Kapitel »P – wie Problemdiagnose«, S. 33, benutzen. Es geht aber auch ohne diese Vorarbeit:

Mein Chefproblem tritt immer zu ganz bestimmten Zeiten, zu bestimmten Anlässen oder an bestimmten Orten auf. Falls dies zutrifft:

Ich kann diese problemauslösenden Umstände

- ☐ ganz abstellen, vermeiden oder umgehen,
- ☐ zumindest abmildern,
- ☐ kaum beeinflussen, aber mich optimal darauf vorbereiten.

Mein s.m.a.r.t.es Ziel (s. Kapitel »S – wie Smarte Ziele«, S. 69) für die Beeinflussung oder die Vorbereitung auf die Umstände heißt:

____

____

Folgende Faktoren verstärken das Verhalten meines Vorgesetzten in der Problemsituation:

____

____

____

Mein s.m.a.r.t.es Ziel für die Beeinflussung/die Vorbereitung auf diese Faktoren ist:

____

____

In der Problemsituation fühle ich mich immer

____

In der Situation sage ich mir dann

____

Dieser Glaubenssatz, den mir meine innere Stimme vorsagt,
- ☐ hilft mir in der Problemsituation,
- ☐ behindert mich eher,
- ☐ macht einen Großteil des Problems aus.

Falls eine der beiden letzten Optionen zutrifft, wissen Sie inzwischen, wie Sie den Glaubenssatz austauschen können (s. Kapitel »Was glauben Sie?«, S. 168, Abschnitt »Die Satir-Technik«).

In der Problemsituation reagiere ich meist wie folgt:

____

Wenn ich anders reagieren würde, könnte sich die Situation möglicherweise entschärfen. Ich könnte zum Beispiel, s.m.a.r.t. formuliert:

____

____

Mein Selbstbewusstsein ist in der Problemsituation meist
- ☐ groß, ich fühle mich stark, auf einer geistigen Ebene mit dem Chef (Stil IV, s. Kapitel »U – wie Ursachensuche«, S. 59)

- ☐ nicht überragend, ich schlage zurück oder rede hinterher schlecht über den Chef (Stil I), lasse alles an meiner Elefantenhaut abprallen (Stil II) oder stecke die Anwürfe passiv ein (Stil III).

Manchmal wird das ganze Chefproblem nur durch ein geringes Selbstbewusstsein verursacht: Dem Chef rutscht unbewusst eine zweifelhafte Bemerkung durch und wir sind am Boden zerstört. Oder wir regen uns mehr darüber auf, als sachlich gerechtfertigt wäre. Ein gesundes Selbstbewusstsein eliminiert Ihr Chefproblem entweder ganz oder mindert es zumindest auf ein erträgliches Maß. Wann möchten Sie beginnen, es aufzubauen (s. Kapitel »Gesundes Selbstvertrauen«, S. 178 ff.)?

4. Schritt: Was wollen Sie von Ihrem Chef?

Möglicherweise hat sich Ihr Chefproblem bereits erledigt. Sie haben sich mit dem 3. Schritt vorgenommen, die Problemfaktoren zu beeinflussen:

- die äußeren Umstände Ort, Zeit, Anlass,
- die für den Chef verhaltensverstärkenden Faktoren,
- Ihre eigenen hinderlichen Glaubenssätze,
- Ihre Spontanreaktion, die das Problem verschlimmert,
- Ihr Selbstbewusstsein, das noch zu schwach ist.

Das ist schon ein ganz ordentliches Lösungsprogramm. Wenn Sie es durchgearbeitet haben, was bleibt dann noch vom Chefproblem übrig? Überlegen Sie mal oder probieren Sie's aus. Falls noch ein Restproblem übrig bleibt, packen Sie es an der Wurzel: beim Chef. Wenn er Sie auch noch unter optimalen Bedingungen nervt, obwohl Sie Ihre hinderlichen Glaubenssätze ausgeräumt, Ihre Bumerang-Spontanreaktion durch eine besonnene Reaktion ersetzt und Ihr Selbstbewusstsein aufgebaut haben, dann reden Sie Tacheles mit ihm. Sagen Sie ihm, was Sie von ihm wollen.

Schauen Sie dazu auf Ihre Hitliste der Ärgernisse vom 2. Schritt: Das ärgert Sie – was wollen Sie stattdessen? Schreiben Sie es auf:

1 ______________________________

2 ______________________________

3 ______________________________

Damit Ihr Wunsch kein frommer bleibt, formulieren Sie dazu jeweils ein s.m.a.r.t.es Ziel:

1 ______________________________

2 ______________________________

3 ______________________________

Es ist nicht immer leicht, für einen Wunsch ein s.m.a.r.t.es Ziel zu finden. Wenn Ihr Chef beispielsweise »keine Ahnung von Tuten und Blasen« hat, wie ein Werkzeugmechaniker es einmal ausdrückte, dann ist »Mein Chef sollte mehr Ahnung haben, von dem, was er tut«, ein frommer Wunsch. Schließlich können Sie nicht erwarten, dass Ihr Chef Ihretwegen eine fachliche Schulung besucht. Ein s.m.a.r.t.es Ziel könnte stattdessen lauten: »Beim nächsten Briefing gebe ich dem Chef die Information, die ihm anscheinend fehlt, und breite vor ihm die Entscheidungsoptionen aus. Ich rede konstruktiv, freundlich und sachlich.« Wenn Sie Probleme haben, für Ihr spezielles Chefproblem ein s.m.a.r.t.es Ziel zu formulieren, dann schlagen Sie im nächsten Kapitel nach. Dort vertiefen wir die Zielformulierung.

Wenn Sie Ihr s.m.a.r.t.es Ziel formuliert haben und sich zutrauen, Ihrem Chef zu sagen, was Sie von ihm erwarten, dann tun Sie das. Wenn Ihnen jedoch noch etwas die Knie wackeln, dann ist es Zeit für den 5. Schritt.

5. Schritt: »Ich schaffe es!«

Wie sag ich's meinem Chef? Die allererste Voraussetzung – Sie ahnen es – ist Selbstvertrauen. Wer nicht daran glaubt, dass er seinem Chef die Meinung sagen kann, schafft das auch selten. Was hindert Sie also daran, mit Zivilcourage die Sache anzupacken? Vielleicht Ihre Glaubenssätze? Wann immer Sie glauben, dass

- andere Chefs erziehbar sind, Ihrer aber nicht,
- andere Ihre Chefs erziehen können, Sie aber nicht,
- Chefs sich nur marginal ändern können, Sie das nie auf die Reihe bekommen,

steckt ein hinderlicher Glaubenssatz dahinter. Vielleicht ist Ihr Chef ja wirklich ein Scheusal, aber werfen Sie die Flinte nicht etwas früh ins Korn? Spüren Sie den Glaubenssatz auf, der Sie daran hindert, Ihrem Chef Ihre Meinung zu sagen. Schlagen Sie nochmals im Kapitel »Was glauben Sie?«, S. 168, nach, insbesondere im Abschnitt »Die Satir-Technik«. Glaubenssätze sind nur Gedanken, keine Tatsachen. Und Gedanken lassen sich ändern.

Wenn Sie Ihre hinderlichen Glaubenssätze ausgetauscht haben, dann machen Sie es wie jeder gute Sportler, Schauspieler oder Topmanager: Bauen Sie sich mental auf! Gehen Sie nicht zitternd und mausklein ins Gespräch mit dem Chef, sondern stark und selbstbewusst. Besorgen Sie sich die richtige innere Einstellung. Denken Sie immer daran: Selbstvertrauen ist wie ein Muskel. Wenn Sie Ihre Beinmuskeln im Herbst nicht trainieren, keuchen Sie im Winterurlaub schon am Idiotenhügel, und die Oberschenkel brennen. So wie es für den Winterurlaub die Skigymnastik gibt, gibt es für Ihr Selbstvertrauen die Mentalgymnastik: Trainieren Sie Ihr Selbstvertrauen! Die Übungsanleitung dazu finden Sie im Kapitel »Gesundes Selbstvertrauen«, S. 193, insbesondere ab dem Abschnitt »Tanken Sie Selbstvertrauen«.

6. Schritt: Reden Sie mit dem Chef

Nach dem 5. Schritt bewegen Sie sich idealerweise stilsicher mit Stil IV: Sie reden nicht länger, wie Paul Watzlawick sagt, one up one down, also von unten nach oben, mit Ihrem Chef oder hacken auf ihm rum. Sie reden stattdessen auf einer partnerschaftlichen Ebene mit ihm. Was reden Sie auf dieser Ebene? Sie geben konstruktives Feedback, wie Sie es aus dem Kapitel »T – wie Talente«, S. 88 ff., kennen. Sie sagen ihm,

- was Sie stört (Wahrnehmung),
- was Sie dabei empfinden (Wirkung) und
- wie es künftig anders laufen könnte (Wunsch).

7. Schritt: Stimmt Ihre Strategie?

Sandwich-Feedback zu geben ist eine Sache, es zum richtigen Zeitpunkt zu geben eine andere. Prüfen Sie Ihre Strategie:

Wann ist der richtige Augenblick für das Feedback?

- ☐ Am besten sofort nach Auftreten des Problems.
- ☐ Eher, wenn sich die Gemüter beruhigt haben.
- ☐ Es gibt periodisch wiederkehrende Zeitpunkte für solche Dinge, z. B. Jour fixe, Abteilungsmeeting, Forecast …

Der richtige Zeitpunkt muss nicht immer derselbe sein. Manche Probleme müssen sofort besprochen werden, manches Feedback spart man sich lieber für einen späteren Zeitpunkt auf. Entscheiden Sie von Fall zu Fall.

Wo ist der günstigste Ort für das Feedback?
☐ In seinem Büro
☐ In meinem Büro
☐ In der Kantine
☐ Sonst:

Auch hier gilt: Jedes Feedback braucht den geeigneten Ort. Und dieser muss nicht immer derselbe sein.

Daneben gibt es noch andere Strategiepunkte, beispielsweise:
☐ Ist es günstiger, das Feedback unter vier Augen
☐ oder im Kreis der Kollegen zu geben?
☐ Sind die Kontextfaktoren (Lärm, Hektik, Anrufe etc.) für Ihr Feedback günstig?
☐ Ist der Chef für Feedback in der geeigneten Stimmung?

Wenn Sie schon einige Erfahrung im Feedback-Geben gesammelt und obendrein scharf nachgedacht haben, dann ist Ihnen vielleicht aufgefallen, dass bei diesen strategischen Faktoren des Feedbacks ein entscheidender fehlt, nämlich der Charakter des Chefs. Man kann nicht jeden Chef gleich ansprechen. Der eine findet ganz normal, was den anderen schon an die Decke treibt. Weil die Persönlichkeit des Chefs so ein wichtiger Strategiefaktor ist, wollen wir sie uns genauer ansehen, nämlich im Kapitel »Die Chef-Typen«, S. 237 ff.

»Um einen guten Chef zu bekommen, muss man selbst ein guter Chef werden.«

EGON JAMESON

Für jeden Problemchef das richtige Ziel

Der Happy-Hektiker

Beim 4. Schritt im vorigen Kapitel haben Sie Ihr s.m.a.r.t.es Ziel formuliert. Oder etwas Probleme dabeigehabt. In der Tat ist es nicht immer ganz leicht, smart zu denken, wenn man schon beim bloßen Gedanken an den Chef innerlich kocht. Für den frommen Wunsch »mein Chef soll kompetenter sein« haben wir uns schon im 4. Schritt in Kapitel »Packen wir's an!«, S. 224, ein s.m.a.r.t.es Ziel angeschaut. Für weitere häufige Chefprobleme betrachten wir jetzt mögliche Ziele. Sie sollten sie nicht 1 zu 1 übernehmen. Jeder Chef ist auf eine andere Weise problematisch. Aber Sie können die folgenden Zielvorschläge sozusagen als Muster mit begrenztem Anwendungsbereich betrachten. Beginnen wir beim Happy-Hektiker.

Der Happy-Hektiker bombardiert Sie schneller mit Ideen, Aufgaben und Projekten, als Sie umsetzen können. Sie haben keine Ahnung, welche Idee vorrangig und welche sekundär ist. Der Chef fängt hier ein Projekt an, springt dort zum nächsten, und immer muss alles sofort umgesetzt werden. Statt sich von ihm in das Chaos hineinziehen zu lassen, könnte Ihr s.m.a.r.t.es Ziel lauten: »Bei seiner nächsten Idee frage ich den Chef, wie wichtig sie im Vergleich zu den alten Ideen ist, und schlage ihm ein (besser: zwei) alte Projekte vor, die ich dafür ruhen beziehungsweise abbrechen kann.« Hektiker reagieren meist sehr vernünftig, wenn man ihre Ideenflut nicht pauschal mit Stöhnen und Augenverdrehen quittiert und sie damit in ihrer Kreativität beleidigt, sondern wenn man stattdessen auch die neue Idee und damit den Chef akzeptiert und lediglich anregt, dass die neue Idee in eine Rangfolge der bereits vorliegenden Ideen eingestellt wird. Man nennt das auch »Priorisierung«. Wenn der Chef darauf pauschal so etwas Ähnliches zurückschießt wie: »Die neue Idee ist immer die wichtigste!«, dann ist für Sie klar, dass Sie alle alten Ideen sofort mit nachrangiger Wichtigkeit und Zeitaufwand behandeln können – ohne Konsequenzen erwarten zu müssen, denn Sie handeln lediglich streng nach Weisung.

Der Controlletti-Chef

Der Controlletti-Chef delegiert höchst ungern, und wenn er es tut, schaut er Ihnen permanent über die Schulter. Sie fühlen sich ständig beobachtet und getrauen sich kaum, einen eigenständigen Gedanken zu fassen. Wie wäre es mit: »Ich suche mir aus den laufenden Aufgabe eine aus, die ihm weniger wichtig ist und mir Spaß macht und gebe ihm morgen nach der Wochenbesprechung Feedback. Ich zeige Verständnis dafür, dass er kontrollieren muss, ob alles korrekt läuft, sage ihm, wie ich mich dabei fühle und dass ich mir für diese eine kleine Aufgabe wünsche, dass wir uns nur noch dreimal über den aktuellen Stand unterhalten: Sofort, bei der Halbzeit nächste Woche und bei Fertigstellung übernächste Woche. Wenn er den Vorschlag annimmt und rückfällig wird, erinnere ich ihn so an unsere Vereinbarung, dass er das Gesicht wahrt und nicht in Stil I abrutscht.« Controllettis sind keine herrschsüchtigen Neurotiker. Sie wollen lediglich, dass alles reibungslos läuft und dass sie auf dem Laufenden gehalten werden. Wenn man ihnen beides gibt, überlassen sie einem meist kleinere und dann immer größere Projekte. So können Sie ihnen Stück um Stück mehr Eigenständigkeit abringen. Man muss ihnen nur das Gefühl geben, dass sie weiterhin alles im Auge behalten können.

Der unmögliche Chef

Der unmögliche Chef lädt Ihnen Aufgaben auf, die einfach nicht zu packen sind: zu wenig Budget, zu wenig Zeit, zu wenig Ressourcen, unerfüllbare Mondvorgaben, unzutreffende Basisdaten … Wenn Sie sich deshalb bei ihm beklagen, speist er Sie ab mit »Ich will davon nichts hören. Kommen Sie mir nicht mit Problemen. Ich habe Sie für Lösungen eingestellt.« S.m.a.r.t.es Ziel: »Für die laufende unmögliche Aufgabe lege ich ihm morgen Nachmittag einen Bericht zum Status quo als Abweichungsprognose vor. Ich zeige ihm, welche Zielerreichung wir mit dem derzeitigen Budget schaffen, welche wir mit 20 Prozent und welche mit 50 Prozent Aufstockung schaffen. Wenn absolut kein Geld da ist, zeige ich ihm, wie der Kunde auch mit abgespeckten Spezifikationen zufrieden sein kann.«

Dieses Vorgehen funktioniert in 80 Prozent der Fälle, weil Chefs es zwar auf den Tod nicht ausstehen können, wenn Sie ihnen »Geht nicht« sagen, aber durchaus mit sich reden lassen, wenn Sie ihnen verschiedene Optionen aufzeigen. Nur wenige Chefs sind so von der Rolle, dass sie nicht mehr vernünftig mit sich reden lassen. Ist das der Fall, dann ist der Fall für Sie auch erledigt: Einen Chef, der nicht vernünftig mit sich reden lässt, verlässt man bei der nächsten Gelegenheit und arrangiert sich zwischenzeitlich so mit seinem Spleen, dass man am wenigsten darunter leidet (indem man beispielsweise ein überlegenes Selbstvertrauen aufbaut).

Der Lawinen-Chef

Der Lawinen-Chef müllt Sie periodisch so zu, dass Sie wochenlang kein Tageslicht mehr sehen. Sie schieben Überstunden wie ein Weltmeister und kommen sich bald wie der persönliche Sklave des Imperators vor. Wenn man die Lawine widerspruchslos schluckt und versucht, den Berg abzuarbeiten, dann wird es nur noch schlimmer. Der Chef merkt, dass er einen gefunden hat, der widerspruchslos alles erledigt, und überfordert Sie noch mehr. Also: Nicht schlucken, sondern sprechen – aber smart. Wenn Sie sagen: »Ich bin bis oben zu!«, heißt das »Geht nicht!«, und »Geht nicht!« lässt kein Lawinen-Chef durchgehen. Weisen Sie stattdessen darauf hin, dass Sie die neue Aufgabe gerne erledigen, dass aber wegen Ihrer starken Auslastung dafür einige laufende Aufgaben geschoben oder mit Einschränkungen erledigt werden. Sagen Sie unbedingt, welche Aufgaben und Einschränkungen das sind. Dieses s.m.a.r.t.e Ziel ist erreichbar, weil der Lawinen-Chef die meisten Aufgaben nicht herausragend oder gut erledigt, sondern nur erledigt bis halbwegs erledigt sehen will. Er ist schon froh, wenn ihm jemand die Arbeit abnimmt. Meist sind seine Qualitätsansprüche nur halb so hoch wie Ihre und nur wenige Aufgaben müssen 1A erfüllt werden.

Das Scheusal

Das Scheusal tritt seltener auf, als man annimmt, aber es tritt auf. Eine Tontechnikerin in einem Düsseldorfer Tonstudio hatte einen Chef, der brüllte sie einmal die Woche an und nannte sie eine blöde Kuh: »Sie haben ja keine Ahnung, was haben Sie sich denn dabei wieder gedacht?« Das hörte sich die Tontechnikerin einige Monate lang an, regte sich fürchterlich darüber auf, quälte alle ihre Bekannten mit ihren Jammerarien und sagte sich dann eines Tages »Jetzt reicht's!« Die nächste Beschimpfung hörte sie sich an, ließ beide Gemüter abkühlen, ging dann abends um halb fünf ins Büro des Chefs und stellte ihn zur Rede. Sie sagte ihm, dass sie seine Wut über ihre Fehler verstehe, dass Sie sich aber nicht länger beschimpfen lasse, es Tonstudios genug in der Stadt gebe (sie pokerte, die Arbeitsmarktlage war eher bescheiden) und er doch ein bisschen netter mit ihr reden solle. Die Reaktion des Chefs hat wohl beide überrascht.

»Der Chef erzählte mir darauf seine Lebensgeschichte«, erzählt die Tontechnikerin. »Das Einzige, was mich daran ärgerte, war, dass er neunzig geschlagene Minuten lang redete und mir meinen Feierabend klaute. Aber seither ist nichts mehr, wie es war.« Beide kamen nämlich schnell dahinter, dass die Tontechnikerin meist nur deshalb Fehler machte, weil sie nicht genau verstanden hatte, was der Chef wollte. Ohne dass irgendetwas an diesem schicksalsträchtigen Abend vereinbart wurde, erschien der Chef dann am nächsten Morgen um neun Uhr (Musiker sind Spätaufsteher) bei der Technikerin und besprach eine halbe Stunde lang die Tagesaufgaben mit ihr. Und das ist bis zum heutigen Tag so geblieben.

Sehr schön sieht man an diesem Beispiel, wie die Tontechnikerin, die keine Ahnung von Feedback hat und noch nie ein Kommunikationsseminar besuchte, die Sache intuitiv richtig machte:

- Sie sagte sich irgendwann: »Jetzt reicht's!«
- Sie handelte nicht überstürzt und spontan,

- sondern strategisch klug: Sie wählte den richtigen Zeitpunkt für die Aussprache.
- Sie beschimpfte den Chef nicht, sondern gab konstruktiv und sachlich Feedback.
- Sie konnte aktiv zuhören und nahm ihm die Beichte ab.
- Sie jammerte nicht, sondern sagte ihm, was sie von ihm erwartet.
- Sie war offen genug, auf das halbstündige Morgenbriefing als Problemlösung einzugehen.

»Mit einem Hufschmied
kann man nicht wie mit
einem Schriftgelehrten sprechen.
Jeder spricht seine eigene
Sprache.«

GOTTHOLD EPHRAIM LESSING

Die Chef-Typen

Der Kreative

Vielleicht erinnern Sie sich an die Geschichte vom klugen Mönch aus dem Kapitel »T – wie Talente«, S. 100 f. Der Mönch, der gerne ein Pfeifchen rauchte, holte sich eine Abfuhr bei seinem Abt, weil er seine Raucherpause mit den falschen Worten beantragte. Sein Kollege dagegen fand die richtigen Worte und hatte Erfolg. Für uns hat diese Anekdote eine ganz besondere Bedeutung. Sie zeigt uns, dass es manchmal nicht reicht, ein formvollendetes Feedback zu geben und es strategisch klug zu geben. Man muss auch die richtigen Worte finden.

Sicher haben Sie schon ähnliche Beobachtungen gemacht. Man kann vom Chef alles haben – und es gibt immer einen oder zwei Kollegen, die das zum Neid aller anderen regelmäßig schaffen – wenn man nur den richtigen Ton findet.

Und das ist gar nicht so schwer, wenn man weiß, welchen Ton der Chef mag.

Wenn Sie beispielsweise einen sehr kreativen Chef haben, der nur so vor Ideen sprüht und jede Woche eine neue Technik, Methode oder Konzeption anschleppt, dann erleiden Sie immer dann Beinbruch, wenn Sie stöhnen: »Nicht schon wieder ein neues Projekt! Wir sind bis oben hin zu!« Ihr Chef wird darauf von Ihnen denken oder sagen: »Kein unternehmerisches Denken, der Mann! Völlig einfallslos, blockt Innovationen a priori ab. Dabei brauchen wir Innovationen!« Keine Frage: Dieses Feedback ging daneben. Einen Kreativen, der im Extremfall auch ein Happy-Hektiker (s. Kapitel »Für jeden Problemchef das richtige Ziel«, S. 230) sein kann, führt man nicht, indem man seine Ideen, die sein Lebenssinn sind, schlechtmacht. Natürlich leiden Sie darunter, dass der Chef

- 1000 Ideen anfängt und dann nicht zu Ende führt,
- die halbgaren Sachen bei Ihnen ablädt,
- Sie damit alleine lässt
- und Ihnen obendrein keine genauen Angaben über die Realisation der Ideen geben kann.

Aber Sie bekommen die nötigen Detailangaben nicht, indem Sie die Ideen des Chefs runtermachen. Ihr Chef denkt

- an die Zukunft, die Gegenwart findet er weniger spannend
- in Möglichkeiten, nicht in Gegebenem
- mit Phantasie, nicht mit Realitätssinn
- theoretisch, nicht praktisch
- im großen Überblick, nicht im Detail

Also passen Sie sich seiner Denk- und Sprechweise an, wenn Sie wollen, dass Ihr Feedback bei ihm ankommt. Reden Sie von Zukunftsoptionen, neuen Möglichkeiten und Methoden und langweilen Sie ihn nicht mit Details, wenn Sie ihm Feedback geben – die will er nicht hören. Nehmen Sie ihm stattdessen die Details ab: »Soll ich mich um die Details kümmern?« Er wird begeistert sein über einen Mitarbeiter, der mitdenkt und ihm das abnimmt, was er auf den Tod nicht ausstehen kann: Details. Und wenn Sie selbst die Details nicht ausfüllen können: »Soll ich wegen der Details mal mit unserem Entwicklungschef reden?« Falls das ein Detailmensch ist! Sonst suchen Sie sich den nächsthöchsten Detaillisten. Wenn Sie also einem Kreativen Feedback geben, dann

- verzichten Sie auf – für ihn langweilige – Details,
- aber regeln Sie sie pauschal so, dass Sie arbeiten können,
- geben Sie ihm zu allem erst den großen Überblick,
- reden Sie in Nutzen, Möglichkeiten, Konzepten: Das ist die Sprache, die er versteht.

Übrigens: Natürlich kann ein Kreativer einem schrecklich auf die Nerven gehen. Aber haben Sie schon mal darüber nachgedacht, wo das Unternehmen und damit Ihr Arbeitsplatz stünde, wenn unter den 100 sprudelnden Ideen Ihres Chefs nicht eine oder zwei wären, die Umsatz bringen? Kreativität ist wichtig – also lernen wir, mit den Kreativen so zu leben, dass wir mit ihnen leben können.

Der Pragmatiker

Der Pragmatiker ist das genaue Gegenteil. Der Pragmatiker

- legt Wert auf Details und vergräbt sich oft darin,
- vertraut auf Routine und wirkt damit manchmal langweilig,
- denkt praktisch und manchmal zu bodenständig,
- macht alles supergenau und gründlich, was oft nervt.

Natürlich kann das alles sehr sympathisch wirken – wenn Sie selbst ein Mensch sind, der Wert auf Details legt. Wenn Sie dagegen Probleme mit diesem Chef haben, dann immer, weil er Sie mit seiner Detailwut anödet. Sie reden von der großen Linie und dem Nutzen für die Kunden, und der Chef meckert nur, dass Sie zu wenige Schaubilder gemalt haben: Sie reden aneinander vorbei. Wenn Sie einem eher praktisch veranlagten Chef Feedback geben, dann

- geben Sie ihm die Details, die er will, auch wenn Sie dafür etwas nachdenken müssen;
- achten Sie die Routinen, die er immer beschreitet. Wenn er ein Schema F hat, dann kopieren Sie es. Er erkennt das Bekannte und ist Ihnen dankbar;
- reden Sie von Tatsachen, nicht von Möglichkeiten; von Erfahrungswerten, nicht von Visionen;
- argumentieren Sie mit dem, was man messen, sehen und erfahren kann, und nicht mit dem, was in fünf Jahren sein könnte.

Das heißt: Finden Sie für Ihre Wünsche die passenden Worte. Wenn ein kreativer Logistiker ein neues IT-System von seinem Chef will, »um dem Markt der Zukunft gewachsen zu sein«, dann schmettert das ein realitätsverbundener Chef ab, weil er es nicht nachvollziehen kann. Wenn er dagegen hört, dass »ein neues IT-System viel besser die realen Wünsche der Kunden auswerten und steuern kann«, dann erkennt er seine eigene Sprache und schaut sich den Vorschlag zumindest wohlwollend an. Kleiden Sie Ihre Wünsche in die Worte, die zum Typ des Chefs passen!

Der Logiker

Es gibt Chefs, die. Sie wirken kalt und gefühlsarm. Oft handeln sie nach dem Motto »Nicht getadelt ist gelobt genug.« Wenn man ihnen vorhält, dass sie gute Leistungen zu wenig anerkennen, reagieren sie überrascht: »Es ist doch wohl selbstverständlich, dass jeder Leistung bringt. Das muss man doch nicht extra hervorheben!« Wenn Sie unter einem solchen gefühlsarmen Chef leiden, dann hören Sie auf damit. Wenn Sie erwarten, dass er endlich mal ein nettes Wort der Anerkennung sagt, vergessen Sie's. Und hören Sie auf, es ihm vorzuhalten – er versteht Sie nicht, er ist ein Logiker. Er denkt analytisch, sachlich, kühl. Er möchte Sie mit seiner Gefühlskälte nicht verletzen, Gefühle sind einfach nicht seine Stärke. Wenn Sie bei ihm nach Anerkennung suchen, dann suchen Sie am falschen Ort.

Sie können sich die mangelnde Anerkennung jedoch über einen kleinen Umweg holen. Logiker haben zwar ein Manko bei den Gefühlen, aber einen stark ausgeprägten Sinn für Gerechtigkeit. Wenn Sie beispielsweise den Eindruck haben, dass Sie ungerecht behandelt werden, dann sagen Sie ihm das sachlich: »Ich habe die letzten beiden Wochenenden Dienst geschoben und soll jetzt schon wieder? Das finde ich nicht fair.« Ist Ihre Klage objektiv haltbar, dann wird der Chef sofort handeln. Auch das ist eine Form der Anerkennung. Außerdem können Sie sein auf den ersten Blick gefühlskaltes Credo »Nicht gerügt ist gelobt genug« durchaus wörtlich nehmen. Wenn Sie wochenlang nichts Negatives von Ihrem Chef hören, dann können Sie davon ausgehen, dass er wirklich sehr zufrieden mit Ihnen ist und aus allen Wolken fallen würde, wenn Sie sich bei ihm wegen mangelnder Anerkennung beschwerten.

Wenn Sie einem Logiker Feedback geben, dann sollten Sie das zweite W des Sandwich-Feedbacks (s. Kapitel »T – wie Talente«, S. 114), nämlich die Wirkung, modifizieren. Wenn Sie ihm sagen, wie Sie sich fühlen, dann reden Sie an ihm vorbei. Gefühle versteht er nicht. Vokabeln seiner Sprache sind eher:

»Das erscheint mir nicht ganz logisch, oder?«

»Ich halte das für leicht ungerecht.«

»Ich glaube, das lässt sich nicht mit den Grundsätzen der Kundenorientierung vereinbaren.«

Logik, Gerechtigkeit und Grundsätze sind zentrale Begriffe der Logiker-Sprache. Also sprechen Sie in diesen Vokabeln, wenn Sie Ihre Wünsche vortragen.

Der Gefühlsbetonte

Es gibt Chefs, die beglücken einen richtig. Wenn in Meetings die Fetzen fliegen, gehen sie sofort dazwischen und erzwingen eine künstliche Harmonie. Sie scheuen Konflikte und nehmen Kritik sehr persönlich. Vor lauter Beziehungspflege kommt deshalb oft die Sachaufgabe zu kurz. Geben Sie so einem Chef Feedback, geschieht das am besten mit Samthandschuhen:

- Denken Sie an den PoW³Erburger (s. Kapitel »T – wie Talente«, S. 115). Betonen Sie die **Po**sitive Grundlage. Versichern Sie ihn zuerst immer Ihrer ungeteilten Wertschätzung (nicht schleimen – da besteht ein Unterschied).
- Betonen Sie auch den anderen Sandwich-Deckel, das positive **Er**gebnis. Zeigen Sie, wie der von Ihnen geäußerte Wunsch vor allem der gegenseitigen Beziehung, der Harmonie in der Gruppe und dem Arbeitsklima in der Abteilung zugutekommt.

Denn für den gefühlsbetonten Chef kommt die Beziehungs- vor der Sachebene. Er

- handelt meist aus dem Bauch heraus,
- hält viel von Menschlichkeit,
- betont soziale Werte,
- legt Wert auf Harmonie.

Kommen Sie ihm mit Logik, objektiv feststellbaren Fakten oder Grundsätzen, wird Ihr Feedback nicht erfolgreich sein. Sie reden an ihm vorbei. Er wird Sie für einen kaltschnäuzigen Kopfmenschen halten. Wenn Sie schon über Fakten reden müssen, dann versuchen Sie an die kalten Fakten auch Beziehungsaspekte anzuhängen. Dass beispielsweise Ihr Betriebssystem zu langsam ist und Sie ein Update wollen, wird ihn so lange kaltlassen, bis Sie ihm sagen, dass wegen Ihres langsamen PC die Kollegen immer auf Sie warten müssen und es deshalb öfters Zoff gibt. Das möchte er vermeiden, also bewertet er Ihren Wunsch gleich ganz anders.

Der Planer

Diesen Chef-Typ erkennen Sie bereits an seinem Zeitplanbuch. Es ist groß und dick und vollgeschrieben. Der Planer hält Ordnung und hat alles geregelt. Er sagt Dinge wie: »Was zählt ist, was unten rauskommt«; er ist ergebnisorientiert. Er trifft anstehende Entscheidungen rasch und endgültig. An einmal gefällte Beschlüsse hält er sich noch lange – auch dann noch, wenn deren Voraussetzungen sich geändert haben. Wenn Sie diese Ordnungswut manchmal zur Verzweiflung treibt, dann sollten Sie wissen, dass Sie sie ihm nie werden abgewöhnen können. Ordnung ist sein halbes Leben, und Sie können ihm nicht sein halbes Leben wegnehmen. Ganz davon abgesehen, dass Sie auch von seiner Entscheidungsfreude profitieren. Nämlich dann, wenn rasche Entscheidungen gefragt sind.

Sie können natürlich auf Ihrem kreativen Chaos bestehen – warum auch nicht? Ihr Chef wird Sie dann eben nicht verstehen. Wenn Sie etwas von ihm wollen, sollten Sie in seiner Sprache sprechen. Bei Feedback

- betonen Sie die Ergebnisse Ihres Wunsches,
- tragen Sie Ihr Anliegen strukturiert und »ordentlich« vor,
- halten Sie sich an eine etwaig vorgegebene Planung der Dinge,
- beziehen Sie sich auf bereits gefällte Beschlüsse.

Der Spontane

Spontane Chefs lieben das kreative Chaos. Sie hassen eine rigide Ordnung, von der sie sich eingeschränkt fühlen. Wenn Sie selbst flexibel und spontan sind, kommen Sie mit einem solchen Chef gut aus. Sollten Sie nicht gut mit ihm auskommen, liegt es daran, dass Sie eher ein Planer sind, den es aufregt, dass der Chef längst fällige Entscheidungen auf die lange Bank schiebt und/oder sie ständig revidiert, wenn er sie einmal getroffen hat. Ein solcher Chef verbreitet Unsicherheit. Woran soll man sich halten, wenn er sich ständig widerspricht? Wie bei jedem Chef-Typ gilt auch hier: Das, was den Chef-Typ ausmacht, kann nicht Gegenstand eines erfolgreichen Feedbacks sein. Wenn Sie ihm ein formal vollendetes Feedback um den Wunsch herum geben: »Nun legen Sie sich doch endlich mal fest!«, wird er kontern: »Seien Sie doch nicht so kleinlich, man muss doch flexibel bleiben!«

Sie können ihm seine Spontaneität nicht verbieten, aber Sie können sich darauf einstellen. Wenn Ihr spontaner Chef

Flexibilität braucht, dann geben Sie sie ihm. Sie können ihn nicht auf eine bestimmte Option festnageln. Denn wenn er jemand wäre, der sich gerne festlegt, dann hätten Sie das Chefproblem nicht. Also geben Sie ihm, was er will, und holen Sie sich gleichzeitig, was Sie brauchen. Schlagen Sie ihm ein Vorgehen vor, das eine bestimmte Richtung verfolgt, ihm aber die andere Richtung zumindest begrenzt offenhält.

Die Wirkung der Technik

Die Wirkung der typgerechten Vorgesetztenführung ist nicht selten verblüffend. Eine der häufigsten Reaktionen ist: »Jetzt endlich verstehe ich meinen Chef! Er ist kein Neurotiker, sondern einfach nur schrecklich kreativ.« Nicht selten halbiert die Technik den Chef-Ärger. Wenn man seinen Chef plötzlich versteht, kann man sich nur noch halb so heftig über ihn aufregen. Vor allem lernt man so, die guten Seiten des Chefs zu schätzen. Auch der grässlichste Ordnungsfanatiker ist in Situationen mit großer Unübersichtlichkeit immer noch besser als jemand, der das Chaos noch vergrößert. Die zweite Erleuchtung, die Menschen trifft, die sich mit der Typenlehre beschäftigen, betrifft die eigene Person: »Jetzt weiß ich auch, weshalb ich ständig mit dem Chef im Clinch liege. Er ist ein Kreativer und ich bin ein Pragmatiker. Wir müssen uns ja permanent in die Wolle kriegen.«

Bestimmt haben Sie schon bemerkt, dass die einzelnen Chef-Typen nicht trennscharf auftreten. Es gibt pragmatische

Chefs, die sehr gefühlsbetont handeln und gleichzeitig gerne planen. Und es gibt Kreative, die ausgesprochen logisch denken. Grundsätzlich hat jeder Chef etwas von den drei Charaktereigenschaftspaaren an sich. Er ist entweder stärker

- pragmatisch oder kreativ in seiner Denkweise,
- vom Kopf oder Bauch bestimmt,
- an ergebnisorientierter Planung oder flexibler Prozessorientierung interessiert.

Sie können sich das noch einmal im Schaubild betrachten.

Welche der drei Eigenschaften der drei Paare Ihr Chef wie stark lebt, können Sie entweder mit einem Test erfahren – den MBTI-Test beispielsweise gibt's über den Buchhandel. Oder Sie beobachten Ihren Chef einfach. Ist er eher pragmatisch oder kreativ? Eher sachlich kühl oder gefühls- und beziehungsbetont? Eher entscheidungsfreudig oder flexibel und spontan? Meist überwiegt in den drei Paaren immer eine Eigenschaft. Sie können Ihren Chef also mit drei ganz bestimmten Eigenschaften charakterisieren und Ihr Feedback danach ausrichten. Menschen mit guter Beobachtungsgabe, zum Beispiel Sekretärinnen, bekommen die relevanten Eigenschaften schnell und intuitiv heraus und halten mit ihrer Weisheit auch nicht hinterm Berg. Eine Chefsekretärin tröstete einen Abteilungsleiter einmal mit den Worten: »Warum haben Sie Ihre Idee auch so analytisch vorgebracht? Die Idee ist gut, und der Chef hätte sie sicher genehmigt, aber Sie wissen doch, welchen Wert er auf die Betonung des Nutzens für die Muttergesellschaft legt.« Sie wusste, dass ihr Chef

Typenbeschreibung in Anlehnung an den MBTI

S = Sensation (Empfindung)	N = Intuition
Erfahrung	Intuition
Gegenwart	Zukunft
Tatsachen Realität	Möglichkeiten
vernünftig	Fantasie
fünf Sinne	kreativ, theoretisch
Details	sechster Sinn
	Überblick

T = Think (denken)	F = Feel (fühlen)
Objektivität	Subjektivität
Logik	Gefühl
Analyse	Anteilnahme
Kopf	Herz, Bauch
gerecht	Menschlichkeit
Grundsätze	soziale Werte
sachlich / kühl	persönlich / emotional

J = Judge (urteilen)	P = Percept (wahrnehmen)
ergebnisorientiert	prozessorientiert
geregelt	flexibel, spontan
Planung	Anpassung
Ordnung	Kreatives Chaos
trifft Entscheidungen	verschiebt Entscheidungen
endgültig	vorübergehend

gefühlsbetont denkt; der Abteilungsleiter hatte das jedoch noch nicht bis zur Handlungsreife realisiert.

An dieser Stelle möchte ich nicht verschweigen, dass die Methode der typgerechten Vorgesetztenführung bei einiger Übung so erfolgreich wirkt, dass sie von manchen Mitarbeitern auch manipulativ eingesetzt wird. Ein junger Assistenzarzt, der weiß, dass sein gefühlsbetonter Chef sich gern als Übervater der Station sieht, hängt diesem gnadenlos jede unbequeme Aufgabe an, indem er sich hilflos stellt und an den Helferinstinkt seines Chefs appelliert. Er sagt beispielsweise: »Chef, ich weiß weder aus noch ein und jetzt kommt auch noch die Frontallobotomie von Zimmer 4. Und dabei habe ich keine Ahnung, wie wir das bei dem niederen Blutdruck des Patienten schaffen sollen.« Worauf der Chef ihm regelmäßig tröstend auf die Schulter klopft und sagt: »Lassen Sie mal, mache ich schon.« Man sieht daran: Wer die Schlüsseleigenschaften seines Chefs kennt, kann ihn wunderbar führen – manchmal sogar manipulieren. Wobei wir inzwischen wissen, dass Manipulation zwar kurzfristig erfolgreich sein kann, aber langfristig immer beziehungsschädigend wirkt, weil sie kein partnerschaftliches Verhältnis als Ziel hat.

»Ich fragte Großmutter, wie sie sich durch all die Jahre ihren unerschütterlichen Sinn für Humor und ihre Hoffnung bewahren konnte und sie sagte nur: ›Was wäre die Alternative?‹«

MIA FARROW IN »MIAMI RHAPSODIE«

Wenn der Chef ein richtig harter Brocken ist

Viele Menschen sagen mir nach einem Seminar: »Ich habe schon alles probiert, aber mein Chef ist veränderungsresistent!« Wenn Sie es im Guten probiert haben, wenn Sie formvollendet Sandwich-Feedback und Ich-Botschaften gegeben haben, wenn Sie die Monitor-Technik angewandt, Ihr Selbstvertrauen mustergültig aufgebaut haben und Ihr Vorgesetzter immer noch dasselbe Scheusal ist, was dann? Dann ist Ihr Chef ein harter Brocken. Keine Angst, auch für das härteste Gestein gibt es das geeignete Werkzeug.

Wenn der Chef ausrastet

Hartmuts Chef ist so ein harter Brocken. Gerade tobt er wieder. Er schreit den 43-jährigen Entwicklungsleiter mit hochrotem Kopf an: »Sie sind ja völlig unfähig! Sie ruinieren das Unternehmen! Sie sind total inkompetent!«

Hartmut ist seit 20 Jahren im Unternehmen und einer der fähigsten Entwickler der Branche. Er hat seine erste Ehe ruiniert fürs Unternehmen, verbringt manchmal wochenlang die Nächte in seinem Büro, um ein Projekt durchzubringen – und nun diese völlig ungerechtfertigten Beleidigungen! Hartmut würde seinem Chef am liebsten an den Kragen gehen. Stattdessen sagt er mit todernster Miene: »Sie haben ja so recht. Endlich spricht jemand die Wahrheit aus. Mein oberstes Ziel ist, das Unternehmen schnellstmöglich in den Bankrott zu treiben.«

Der Vorstand klappt den Mund auf. Damit hat er nicht gerechnet. Alles hat er erwartet: dass Hartmut zurückgiftet, dass er sich verteidigt, dass er seine Verdienste ins Feld führt – nur das nicht: dass er die Vorwürfe des Vorstands sogar noch übertrumpft! Sekundenlang starrt er Hartmut stumm an. Ihm fehlen die Worte. Hartmut nutzt die Verwirrung seines Gesprächspartners, nimmt den Gesprächsfaden in die Hand und bringt das Gespräch wieder auf sachlichen Boden zurück.

Clevere Intervention, finden Sie nicht auch? Eine Intervention, die bei harten Brocken hilft.

Provokative Therapie

Was Hartmut praktiziert, nennen Psychologen Provokative Therapie. Frank Farelly (gesprochen: Färelli) ist ihr namhaftester Vertreter. Ihr Prinzip lautet schlicht und einfach: haltlose Übertreibung.

Wenn selbst formal perfektes Sandwich-Feedback nicht mehr weiterhilft, dann wirkt Provokation noch am besten. Sie nimmt Angreifern den Wind aus den Segeln. Denn sie ist paradox: Der Verbalangreifer erwartet, dass sich das angegriffene Opfer verteidigt oder kuscht. Das tut es jedoch nicht. Im Gegenteil! Es stellt sich voll auf die Seite des Angreifers – und das noch viel drastischer als der Angreifer selbst. Das verblüfft. Die Reaktionen darauf sind alternativ oder gleichzeitig:

- Sprachlosigkeit. Der Provokateur erwischt den Gesprächspartner sozusagen auf dem falschen Fuß und kann das Gespräch wieder auf sachlichen Boden zurückbringen.
- Einsicht wider Willen: »Jetzt übertreiben Sie aber.«
- Verwirrung: »Wollen Sie mich veräppeln, oder was?« Verwirrung ist besser, als sich weiter Beleidigungen anhören zu müssen.
- Ernüchterung: »Ja, klar, ich beruhige mich schon.«
- Widerspruch: »Aber das stimmt doch nicht! So schlimm ist es doch nicht!«

Mit statt gegen

Wenn Ihnen die Provokative Therapie bekannt vorkommt, liegen Sie richtig. Jeder Mensch wendet sie immer mal wieder an – unbewusst, instinktiv, nicht wissend, dass es sich um ein hochwirksames Instrument aus Coaching und Psychotherapie handelt, das jährlich Tausende Therapeuten und Manager auf der ganzen Welt für teures Geld erlernen. Sogar in unseren privaten Beziehungen verwenden wir die Provokative Intervention:

Sie: »Ach, ich bin einfach nicht hübsch genug.«

Er: »Stimmt. Du bist ungefähr die hässlichste Frau, die ich kenne. Deshalb habe ich dich auch unter all deinen extrem attraktiven Freundinnen heraus gewählt und geheiratet. Deshalb bin ich dir bis zum heutigen Tag treu: Ich halte dich für extrem unattraktiv. Wie bist du bloß draufgekommen? Was hat mich verraten?«

Sie: »Ach, jetzt hör aber auf! Du alter Schwindler, du.« Aber: Sie lächelt dabei. Und hört auf, sich unattraktiv zu finden. Wenigstens für die nächste halbe Stunde …

Es ist extrem schwierig, einen Menschen, der gerade in voller Fahrt ist (tobender Chef, selbstkritische Partnerin, reklamierender Kunde, jammernder Mittelständler …), von dieser Höllenfahrt abzubringen. Das haben wir alle schon erlebt: Man redet auf ihn/sie ein, man versucht, sie/ihn zu überzeugen, man führt die besten Argumente an, man versucht, es ihm/ihr auszureden – hoffnungslos.

Wer einmal zur Überzeugung gelangt zu sein glaubt, sein Entwicklungschef sei ein inkompetentes Aas oder die eigene Attraktivität sei nicht anziehend genug, der lässt sich das auch nicht mit Engelszungen ausreden – aber mit der Provokativen Therapie.

Denn diese gewitzte Therapie versucht nicht das Unmögliche: einen Überzeugungstäter vom Gegenteil seiner Überzeugung zu überzeugen. Im Gegenteil: Die Therapie setzt auf die Überzeugung noch einen oben drauf. Einen satten Nachschlag, eine haltlose Übertreibung – und bringt so den abgehobenen Ballonfahrer von seiner Irrfahrt ab.

Selbst Menschen, die von Psychologie nicht viel halten, sind von diesem Führungsinstrument regelmäßig hellauf begeistert. Weil es sofort einleuchtet. Weil es so einfach ist. Weil es unheimlich Spaß macht. Weil es so toll wirkt. Die Sache hat – Sie vermuten es bereits – nur einen Haken.

Fahren Sie Ferrari?

Wenn Sie den Großen Preis von Deutschland der Formel 1 gewinnen möchten, welches Instrument wählen Sie dafür? Einen VW Polo oder Schumis Ferrari? Dumme Frage, natürlich Zweiteren. Weil er das wirksamere Instrument zum Sieg ist. Wie weit kommen Sie damit? Bis zur wievielten Kurve? Anders gefragt: Können Sie mit einem Formel-1-Boliden umgehen?

Die Provokative Therapie ist so hoch wirksam wie ein Formel-1-Flitzer, doch sie stellt auch hohe Anforderungen an ihren »Fahrer«.

Betrachten wir nochmals den obigen Ehedialog und wandeln ihn etwas ab:

Sie: »Ach, ich bin einfach nicht hübsch genug.«

Er: »Stimmt. Du bist die hässlichste Frau, die ich kenne.«

Spüren Sie's? Die Wirkung ist fast körperlich spürbar: Das haut nicht hin! Das bewirkt das Gegenteil: Die Partnerin kriegt einen depressiven Anfall. Wir ahnen auch, warum: Wo steht der Ehemann bei dieser Formulierung? Jedenfalls nicht mehr auf der Seite seiner Frau. Seine Äußerung kommt eher als Vorwurf rüber. Er gibt ihr recht – und greift sie damit an.

Das Geheimnis bei der Provokativen Intervention besteht also darin, die Aussage des Partners wirklich haltlos zu übertreiben,

- dies aber sozusagen augenzwinkernd zu tun,
- sich dabei innerlich auf die Seite des Partners zu stellen,
- die Beziehung intakt zu halten,
- ihn auf keinen Fall damit angreifen zu wollen,
- es ohne versteckten Vorwurf auszusprechen,
- sich jede Aggression dabei zu verkneifen.

Viel hängt dabei auch von der Mimik ab: »Stimmt, ich will das Unternehmen ruinieren!« Wenn Hartmut dabei finster wie der blitzeschleudernde Göttervater Zeus dreinschaut, dann fühlt sich sein Vorgesetzter veräppelt oder angegriffen. Wenn er dabei jedoch freundlich, arglos und ein wenig naiv lächelt und ihm offen in die Augen schaut, merkt der

Vorgesetzte: Der will mir ja gar nicht am Zeug flicken – was will er denn?

Und kommen Sie mir nicht damit, dass diese feine Nuancierung zu schwierig sei. So schwierig ist das nämlich nicht, wenn selbst Saufbrüder das können. Alle Männer kennen doch die Anrede: »He, du altes Arschloch, Mensch, gibt's dich auch noch?« Glauben Sie, dass der Sprecher den Begrüßten für ein altes A … hält? Dass er ihn beleidigen möchte? Nie im Leben. Das zeigt auch seine Körpersprache: Er grinst über beide Ohren und haut dem andern derb auf die Schulter. Ebenfalls eine Provokative Intervention: haltlos übertreiben, aber dabei den anderen vorbehaltlos respektieren.

Jammern verboten!

Er: »Du hast das Essen schon wieder anbrennen lassen? Du kriegst aber auch gar nichts auf die Reihe in der Küche!«

Sie: »Stimmt, hat schon meine Mutter gesagt, dass ich selbst das Wasser noch anbrennen und alle meine Männer verhungern lasse.« Sie lächelt dabei. Er grummelt und versteckt sich wieder hinter seiner Zeitung – aber er hat aufgehört zu meckern.

Die Provokative Intervention ist ein ideales Instrument, um chronische Meckerer, Jammerer, Defätisten, Negaholiker, Schwarzseher, Runtermacher und Motivationssaboteure wieder zur Vernunft zu bringen – egal, ob sie Chef sind oder nicht.

Wenn Sie alle im weitesten Sinne positiven Interventionen wie Sandwich-Feedback und Ich-Botschaften hinter sich und nicht das Gewünschte damit erreicht haben, probieren Sie's doch mal mit der Provokativen Intervention: »Du hast ja recht, das ist alles völlig aussichtslos und deprimierend – komm, lass uns einen Selbstmordpakt schließen und dieser schnöden Welt den Rücken kehren!« Ich kenne keinen, den so eine Übertreibung nicht zum Nachdenken provozieren würde – was ein weißer Schimmel ist. Denn lateinisch »provocare« heißt schlicht »zum Denken anregen«.

Die Provokative Intervention ist etwas für harte Brocken, für unbelehrbare Jammerer. Wir widersprechen ihnen sozusagen, indem wir ihnen recht geben – aber das völlig übertrieben. Die Amerikaner sagen dazu: You gotta be cruel to be kind. Manchmal muss man Menschen grob anfassen, um ihnen etwas Gutes zu tun. Da wir uns dabei stets auf die Seite des Provozierten stellen, ist die Intervention ein schöner Ausdruck gelebter Nächstenliebe.

Risiken und Nebenwirkungen

Die meisten Menschen sagen an dieser Stelle: »Ich sehe schon, wie mir das helfen könnte. Aber so eine Provokation kann doch auch nach hinten losgehen!« Absolut. Auch Frank Farelly, dem Schöpfer der Technik, gehen selbst vor Publikum im Workshop oder beim Vortrag ungefähr zehn Prozent seiner Interventionen daneben. Der Provozierte sagt dann etwas wie: »Was soll der Scheiß? Wollen Sie mich auf den Arm nehmen?«

Nun sind zehn Prozent kein überragend hohes Risiko. Doch selbst diese zehn Prozent können Sie getrost in Kauf nehmen. Bedenken Sie: Wann intervenieren Sie provokant? Wenn die Karre eh' schon total verfahren ist, alles andere versagt hat und der Boss immer noch total fies auf Ihnen rumhackt. In dieser Situation ist meiner Ansicht nach alles besser, als weiterhin den Hintern hinzuhalten und sich treten zu lassen, finden Sie nicht auch? Ein kleines Risiko einzugehen ist klüger, als gar nicht weiterzukommen. Mit Stillstand ist nichts gewonnen.

Das Punch-Reframing

Chef: »Sie Versager, Sie sollten sich vielleicht mal nach einem anderen Job umsehen!«

Mitarbeiter: »Jetzt, wo Sie es sagen! Was empfehlen Sie mir denn?«

Egal, was der Chef daraufhin sagt: Es ist etwas Anderes, Besseres, als wenn Sie sich weiter beleidigen lassen. So eine Retoure nennen wir auch Punch-Reframing: Eine blitzschnelle Umdeutung dessen, was der Chef gesagt hat. Würden Sie sich die obige Erwiderung zutrauen?

Gute Frage, denn sie weist auf eine Voraussetzung hin: Was ist für eine provokative Erwiderung nötig? Viele vermuten nicht ganz zu unrecht: ein starkes Selbstwertgefühl. So stark ist Ihr Selbstvertrauen noch nicht? Macht nichts. Denn erstens hat kaum jemand ein Selbstwertgefühl, das stark genug ist, um seinem tobenden Chef »frech« zu kommen. Und zweitens ist das auch gar nicht nötig.

Ein Mittelmanager, der sehr unter seinem cholerischen Chef litt, sagte mir mal: »Jaja, das Selbstwertgefühl. Wenn mein Chef loslegt, wird meines soo klein. Doch ich habe festgestellt: Ein überragendes Selbstvertrauen brauche ich für eine Provokative Intervention nicht unbedingt. Ich muss nur präsent und clever sein. Nicht auf die rhetorische Falle reinfallen, die der Chef mir da aufspannt: Er beleidigt mich völlig überzogen und ich bemerke das nicht! Das kann nicht sein.«

Wenn der Chef mal wieder völlig überzogen loslegt – erkennen Sie diese Übertreibung wie die Pointe eines Witzes: Darauf haben Sie ja auch zu hören gelernt. Also: Ohren auf, wenn der Chef spricht. Aber das tun wir ja sowieso, wenn der Chef mit uns redet …

Übertrieben übertrieben

Chef: »Sie sind als Konstrukteur eine Niete. Sie können ja nicht mal einen Mülleimer konstruieren!«

Mitarbeiter: »Stimmt. Wie hält's eigentlich Ihre Frau mit Ihnen aus? Muss ich etwa wieder als Sündenbock für Ihre häuslichen Zwistigkeiten herhalten?«

Was halten Sie davon? Funktioniert das als Provokative

Intervention? Hören Sie auf Ihr Gefühl. Es sagt Ihnen bestimmt: Das haut nicht hin. Weil es nicht provokativ, sondern provozierend, also vorwurfsvoll und beziehungsschädlich ist. Dem Vorgesetzten wird ein Vorwurf gemacht, den er unschwer als solchen erkennt und daraufhin geradezu ausrasten muss.

Langsam mit den jungen Pferden

Die Provokative Intervention ist eines der wirksamsten Instrumente bei ganz harten Brocken. Doch probieren Sie sie bloß nicht gleich an Ihrem Chef aus! Das ist wäre ein gravierender Anfängerfehler.

Warten Sie vielmehr, bis Ihnen im beruflichen oder privaten Umfeld ein hartnäckiger Meckerer oder Jammerer begegnet – in unseren jammervollen und stressigen Zeiten dürfte das früher passieren, als Ihnen lieb sein mag. Testen Sie Ihr neues Instrument erst einmal mit anderen Gesprächspartnern, bevor Sie sich den Vorgesetzten vornehmen. Schon nach wenigen Versuchen werden Sie eine relativ hohe Sicherheit im Umgang mit der Technik erlangen. Das macht Mut, sie auch am Chef auszuprobieren.

Da aber der Bammel vor dem Vorgesetzten oft sehr hoch ist – vor allem bei Problemchefs –, wünschen sich viele Seminarteilnehmerinnen eine Lösung für das Worst-Case-Szenario. Hier bitte: Wenn trotz aller Vorübungen einmal eine Provokative Intervention bei Ihrem Vorgesetzten misslingen sollte – was kann schon schlimmstenfalls passieren? Der Chef pflaumt Sie an: »Was soll der Scheiß? Wollen Sie mich auf den Arm nehmen?« Dann schauen Sie ihn einfach mit großen Augen an wie die verfolgte Unschuld vom Lande und sagen: »Nein, wohin denken Sie? Ich bin doch nicht lebensmüde. Ich bin mit Ihnen der festen Überzeugung, dass das alles total katastrophal ist!«

Der Clou an dieser Rettungstechnik: Sie rettet Ihren Versuch tatsächlich. Selbst wenn der Chef Ihnen nicht glaubt: Was soll er machen? Sie bezichtigen, dass Sie genau das nicht glauben, was er eben gesagt hat, obwohl Sie ihm wörtlich zustimmten?

Jäger der verborgenen Fehler

Es gibt Chefs, die sagen einem selten ein nettes Wort – aber finden jeden Fehler und machen aus jeder Mücke einen Elefanten. Kennen Sie?

Auch bei diesem verbreiteten Chefproblem hilft die Provokative Intervention enorm. Betrachten wir ein Beispiel: Selina hat gerade ein kleineres Projekt bei ihrem Abteilungsleiter abgeliefert. Objektiv betrachtet sind 90 Prozent vom Endergebnis wirklich hervorragend, zehn Prozent dagegen verbesserungsbedürftig. Was macht der Chef? Richtig geraten:

Chef: »Was soll denn das? Also das ist ja völlig untauglich. Wie können Sie mir so was vorlegen? Das ist total inakzeptabel!«

Selina: »Sie haben ja so recht! Ich habe mir das, ehrlich gesagt, auch schon gedacht: 99 Prozent davon sind doch der reinste Mist. Höchstens ein Prozent sind vorzeigbar. Und genau so werde ich das den beteiligten Abteilungen und Abteilungsleitern rückmelden. Die sollen sich nicht einbilden, damit davonzukommen. Wissen Sie was? Geben Sie den Bericht her und die Datendiskette, das kommt jetzt sofort in den Reißwolf –«

»Jetzt mal langsam, Frau Müller. Nun übertreiben Sie doch nicht gleich so!« Wer hat denn damit angefangen? »So schlimm ist es doch nicht, das ist doch in weiten Teilen ganz brauchbar –«

»Wie weit sind diese Teile? In Prozent?«

»Nun, tja, hm, gut 50 Prozent sind doch –«

»Also die Hälfte davon ist Mist!«

»Nein, so würde ich das nicht sagen, Sie haben doch eigentlich ganz hervorragende Arbeit geleistet.«

»Danke. Danke, dass Sie mir und dem Team diese Anerkennung aussprechen. Das macht es uns leichter, uns auch fürs nächste Projekt wieder voll reinzuhängen.«

Es ist manchmal zäh und erfordert wie beim Schachspiel ungeheure Konzentration auf die Abfolge der Züge: Doch selbst aus Chefs, die nur Fehler sehen, kann man mit etwas Führungskompetenz von unten noch die erhoffte und verdiente Anerkennung herauskitzeln. Die Provokative Therapie ist dabei eine wertvolle Hilfe.

Humor ist, wenn man trotzdem lacht

Menschen, die die Provokative Intervention regelmäßig anwenden, berichten oft von wunderbaren Nebenwirkungen:

- »Mit der Povokativen Intervention in der Hinterhand sehe ich Chefattacken sehr viel gelassener entgegen.«
- »Die Provokative Intervention ist etwas sehr Humorvolles. Gerade die schlimmen Übergriffe kann ich deshalb mit Humor nehmen.«
- »Die Provokative Intervention ist wie ein Witz, den man dann erzählt, wenn die Anspannung am größten ist. Ein Witz, über den beide lachen können.«

Die Provokative Intervention besänftigt nicht nur den Vorgesetzten. Sie verändert auch den Provokateur: Sie macht ihn/sie humorvoller, gelassener, distanzierter, selbstsicherer, stattet ihn/sie mit feiner Selbstironie aus. Denn nur sehr reife Menschen können sich über sich selbst lustig machen: »Sie haben ja recht. Ich bin die schlimmste Sekretärin seit Wilma Feuerstein!« Nur ein wahrhaft großer, reifer, in sich ruhender Mensch kann so einen Satz mit einem Lächeln auf denselben über die Lippen bringen. Das ist nicht Voraussetzung für die Anwendung der Technik, das ist eher eine Interdependenz: Für die Provokative Intervention benötigen Sie ein gewisses Maß innerer Reife – doch mit jeder Provokativen Intervention werden Sie auch ein wenig reifer.

Das macht die Technik so wertvoll im Umgang mit dem inneren Chef. Die meisten Menschen, die unter Problemchefs leiden, haben nämlich ein etwas geschwächtes Selbstwertgefühl. Warum? Weil sie sozusagen unter einem inneren Chef leiden: Sie machen sich selbst oft und heftig runter. Sie übernehmen Chefkritik von außen unkritisch. Weil sie Glaubenssätze mit sich herumschleppen wie: »Ich bin nicht wirklich gut in meinem Beruf. Ich bin nicht so toll. Ich kann das alles nicht gut. Ich bin nicht gut genug.«

Sie kennen solche Einflüsterungen? Fein. Dann warten Sie doch auf die nächste (kommt schneller als einem lieb ist). Anstatt den Glaubenssatz mit der Satir-Technik (s. Kapitel »Was glauben Sie?«, S. 168) zu behandeln, behandeln Sie ihn doch einfach mit der Provokativen Intervention. Sagen Sie sich: »Stimmt. Ich bin wirklich total inkompetent. Ich kriege nichts auf die Reihe. Ich frage mich, wie ich meine guten Abschlussnoten und diesen doch respektablen Job ergattert und vor allem so lange so gut gehalten habe! Warum mich Mitarbeiter und Kollegen respektieren und ich so viele Erfolge vorzuweisen habe!« Spüren Sie's? Man spürt förmlich, wie der Glaubenssatz »Ich bin nichts wert« zu zittern und sich zu winden beginnt und sozusagen innerlich sagt: »Jaja, ich merk's ja selber: Ich übertreibe mal wieder maßlos!«

Kurz gesagt: Die Provokative Intervention kann sich überraschend schnell generalisieren und zu einer globalen Geisteshaltung werden, die weit über den begrenzten Kontext des Chefgesprächs hinaus Ihr Leben sehr viel reicher und angenehmer machen kann. Probieren Sie's aus. Erleben Sie's.

»Es ist kaum zu glauben, wie wenig manche Menschen selbst aus den härtesten Erfahrungen lernen.«

ALBERT EINSTEIN

»Erfahrungen sind die Goldgruben des Lebens. Manche errichten eine Mine, manche lassen die Schätze brach liegen.«

MAE WEST

E – wie Erfolgskontrolle

Wer wird schon aus Fehlern klug?

Erinnern Sie sich? Auf das komplexe und schwer zu durchschauende Chefproblem haben wir die klärende und handlungsleitende P.U.S.T.E.-Strategie der Problemlösung gelegt. Die ersten vier Buchstaben und die Instrumente, die dahinter stehen, haben Sie bereits kennengelernt. Jetzt sind wir bei der letzten Station angelangt: E – wie Erfolgskontrolle. Es ist kaum möglich, die Bedeutung dieser Station zu überschätzen. Ein Abteilungsleiter erzählte dazu die folgende Geschichte: »Ich habe eine kleine Tochter, die hat gerade Bauklötzchen entdeckt. Sie stapelt die Klötze aufeinander, baut völlig schief und der Turm fällt ein. Das macht sie stundenlang und bringt mich dabei zur Raserei. Ich möchte sie schütteln und sagen: ›Hee, bau doch gerade!‹ Aber ich weiß, dass sie das irgendwann lernen wird. Bei meinen Mitarbeitern bin ich mir nicht so sicher. Die machen seit Jahren dieselben Fehler und merken es noch nicht einmal.«

Das ist eine äußerst pessimistische Sichtweise, die leider umso häufiger berechtigt ist, je festgefahrener eine Problemlage ist. Und Chefprobleme sind häufig völlig festgefahren. Eine entnervte Vertriebsassistentin klagte einmal: »Ich habe meinem Chef schon mindestens hundertmal gesagt, er soll die Eingänge nach Datum und nicht nach Namen ablegen – meinen Sie, er tut das?« Worauf man spontan antworten möchte: »Hätten Sie das nicht schon eher bemerken können, bevor Sie das hundertmal vergeblich versuchen?« Aber so etwas darf man natürlich nicht sagen, weil es nicht weiterhilft. Denn tatsächlich gibt die Assistentin ihr Bestes. Sie hat dabei leider nur den falschen Glaubenssatz erwischt.

Sie glaubt, dass man etwas nur oft und intensiv genug versuchen muss, damit es klappt. Die Amerikaner sagen: »Try harder!« Manchmal springt der Motor ja beim siebten Anlassen an. Meistens gilt aber: Wenn er beim siebten Mal nicht anspringt, springt er auch beim achten Mal nicht an, weil er »ersoffen« ist; die Zündkerzen sind nass. Da hilft dann nur noch »Try smarter!«, indem man beispielsweise die Zündkerzen trocknet oder den Wagen anrollen lässt. Ähnlich ist es mit dem Chef. Man braucht ihn zwar nicht trockenzulegen, wenn er nicht auf unsere Bemühungen anspringt, aber man sollte dringend die Methode wechseln.

Das setzt etwas ganz Grundlegendes voraus: dass man aus Fehlern lernt. Selbstverständlich? Nie und nimmer. Kein zivilisierter Mensch lernt gerne aus Fehlern, weil in der sogenannten zivilisierten Welt Fehler als etwas Schlimmes gelten. Wer Fehler macht, wird bestraft. Deshalb vertuschen wir gerne unsere Fehler. Auch vor uns selbst. Wir versuchen, unseren Chef zu erziehen, erwischen dabei die falsche Technik und vertuschen das so schnell, dass wir es selbst nicht bemerken. Dann behaupten wir: »Mein Chef ändert sich einfach nicht!« Wir haben nichts aus unserem Fehler gelernt. Das trifft umso mehr zu, je kleiner unser Selbstwertgefühl ist. Ein selbstsicherer, innerlich starker Mensch sagt: »Au weia, das ging ja voll daneben!«, und lacht dabei noch. Er kann aus seinen Fehlern lernen, weil er sie sich humorvoll eingesteht und sie deshalb gerne ausbügelt. Das ist übrigens ein Zeichen höchster Selbstsicherheit: über sich selbst lachen zu können. Wessen Selbstwertgefühl dagegen am Boden ist, der legt keinen gesteigerten Wert darauf, von einem Fehler noch tiefer gelegt zu werden, ignoriert die ganze leidige Sache einfach und schiebt's auf den Chef- das Scheusal. Wir sehen daran, wie das eigene Selbstwertgefühl immer wieder als wichtigste Ingredienz in unserem Cheferziehungsmix auftaucht.

Wenn also die westliche Zivilisation und ein schwaches Selbstwertgefühl das Lernen aus Fehlern erfolgreich verhindern, dann hat Einsteins pessimistisches Diktum wohl seine Berechtigung. Deshalb wollen wir uns die verlorengegangene Gabe zurückerobern, aus unseren eigenen Fehlern zu lernen. Dazu sind nicht mehr als drei Fragen nötig:

- Was klappte?
- Was nicht?
- Was kann ich anders/besser machen?

> »Es gibt zwei Kategorien von Menschen: Den einen muss man alles sagen, die anderen finden alles selbst heraus.«
>
> Tom Clancy

Was klappte?

Was hat Ihr letzter Versuch, Ihren Chef zu erziehen, wirklich gebracht? Lachen Sie nicht, das ist keine triviale Frage. Es gibt Menschen, die behaupten seit Jahren »Mein Chef ändert sich nicht«, obwohl er sich inzwischen grundlegend geändert hat. Man nimmt es nur nicht wahr, weil die Veränderung sich in sehr kleinen Schritten vollzieht. Wir kennen das bereits: Unsere Wahrnehmung spielt uns einen Streich (s. Kapitel »U – wie Ursachensuche«, S. 45). Sie spielt uns sogar einen doppelten Streich. Sie ist für unser Chefproblem mitverantwortlich und sie ist dafür verantwortlich, dass wir es nicht lösen können. Wir glauben, dass unser Chef ein Scheusal ist – dabei nehmen wir ihn nur verzerrt wahr. Und wir glauben, dass er sich trotz unserer Bemühungen nicht ändert – dabei sehen wir die Erfolge unserer Bemühungen völlig verzerrt. Wieder verzerren unsere hinderlichen Glaubenssätze unsere Wahrnehmung.

Wer aber nicht objektiv wahrnehmen kann, was sich ändert, kann auch seine Erfolge nicht objektiv wahrnehmen und reagiert zwangsläufig deprimiert. Also werfen Sie den hinderlichen Glaubenssatz über Bord (wie das geht, wissen Sie inzwischen) und betrachten Sie Ihre Erfolge objektiv, beispielsweise mit Hilfe folgender Checkliste:

- ☐ Mit welcher Situation vor Ihrem Erziehungsversuch möchten Sie die Situation während Ihres Erziehungsversuches vergleichen?
- ☐ Wie hat sich der Chef in dieser Davor-Situation verhalten?
- ☐ Und wie hat er sich in der Versuchssituation verhalten?
- ☐ Jeden Unterschied, den Sie erkennen können, verbuchen Sie auf Ihr Konto. (Räumen Sie die Glaubenssätze aus: »Ach, war nur Glück!« oder »Er war eben nur gut drauf!«) Sie haben sich bemüht, also gehört der Erfolg Ihnen.

Selbst wenn der Chef sich nicht änderte, haben Sie sich geändert?

- ☐ Meine Reaktion in der Problemsituation hat sich geändert. Diesen Erfolg feiere ich!
- ☐ Ich fühle mich jetzt anders in der Situation: Feiern!
- ☐ Meine innere Stimme ist konstruktiver geworden: Feiern!
- ☐ Mein Selbstbewusstsein ist größer als früher: dito!

»Wissen Sie, wie der US-Athlet O'Brian zum erfolgreichsten Kugelstoßer der Leichtathletikgeschichte wurde? Eines Tages ging er zu seinem Coach und sagte: »Olympiagold schaffe ich nie. Dazu müsste ich zwei Meter weiter stoßen. Das sind Welten!« Der Trainer sagte: »Dann fang mit einem Zentimeter mehr an.« O'Brian ging ein Licht auf. Jede Woche arbeitete er sich einen, manchmal zwei, manchmal zehn Zentimeter weiter, bis er sich um zwei Meter gesteigert hatte. Hätte er sich nach jedem Zentimeter gesagt: »Pff, was ist schon ein Zentimeter?«, dann hätten wir nie etwas von ihm gehört. Also: Suchen Sie Ihre Erfolge wenn nötig mit der Lupe. Und feiern Sie jeden kleinen und erst recht die großen Erfolge. Nichts macht so erfolgreich wie Erfolg. Kleine Erfolge ermöglichen größere Erfolge und größere Erfolge ermutigen zu noch größeren Erfolgen. Aber was rede ich? Die meisten Menschen geraten sowieso völlig aus dem Häuschen, wenn sie bemerken, dass sie ihren Chef, das Scheusal, den Fels von Gibraltar, tatsächlich bewegen können – und dann läuft der Erfolg von alleine.

Vergleichen Sie das Ergebnis Ihres Erziehungsversuchs mit Ihrem s.m.a.r.t.en Ziel: Haben Sie es erreicht? Vollständig? Zur Hälfte? Zu einem Drittel? Auch Teilerfolge sind Erfolge. Freuen Sie sich, wenn Sie Ihr Ziel erreicht haben. Und freuen Sie sich, wenn Sie es nicht ganz erreicht haben. Denn dadurch wissen Sie jetzt, was noch fehlt und was Sie beim nächsten Mal besser machen können. Das bringt uns zur nächsten Frage.

Was klappte nicht?

Es ist unmöglich, sich zu bemühen und keinen Erfolg zu haben. Wer versucht, seinen Chef zu führen, den er vorher nur stumm duldete, erringt schon allein durch den Versuch einen überragenden Erfolg: Er hat sein Leben verändert. Es gibt kaum größere Erfolge. Nachdem wir aus unserem letzten Erziehungsversuch die Erfolgskomponente herausgelesen haben, suchen wir jetzt nach der Misserfolgskomponente (man beachte die Reihenfolge). Fehlersuche? Ein unglückliches Konzept, denn wer Fehler als Fehler betrachtet, hindert sich selbst daran, daraus zu lernen. Eigentlich gibt es gar keine Fehler, es gibt nur Hinweise, wie wir etwas anders oder besser machen können.

Denn oft genug passiert es, dass zwar wir uns grundlegend ändern. Wir kicken unsere destruktiven Glaubenssätze über Bord, machen Bodybuilding für unser Selbstwertgefühl und ändern unsere Reaktion in der Problemsituation radikal. Aber beim Chef beißen wir auf Granit. Was wir auch tun, er spricht nicht auf unsere Erziehungsversuche an. Ein schwieriger Kunde. Eine Verfahrensingenieurin (Typ: planende, gefühlsbetonte Pragmatikerin) sagt: »Ich habe 17 Versuche gestartet, meinen Chef davon zu überzeugen, dass wir ein Projekthandbuch brauchen. Beim 18. hat es endlich geklappt!« Sie hat daran elf Monate gearbeitet. Wir sehen daran nicht nur, dass man für die Cheferziehung Geduld braucht – auch ein Kind erzieht man nicht in zwei Wochen –, man muss sich auch ständig fragen:

- ☐ Was hat nicht geklappt?
- ☐ Warum hat es nicht funktioniert?
- ☐ Habe ich den richtigen Ort, die richtige Zeit und den richtigen Anlass gewählt?
- ☐ Habe ich die problemverschärfenden Faktoren ausreichend kontrolliert?
- ☐ War mein Selbstvertrauen groß genug oder bin ich wieder in die Kleinkinder- oder die Angreiferrolle hineingerutscht?
- ☐ Entsprach mein Wunsch den Anforderungen eines sauberen Sandwich-Feedbacks?
- ☐ Hat meine Sprache genau den Typ des Chefs getroffen oder habe ich an ihm vorbeigeredet?
- ☐ Ist mein Ziel noch s.m.a.r.t. genug oder sehe ich jetzt, dass es beispielsweise leicht unrealistisch ist?

Misserfolge sind wunderbare Wegweiser. Was immer auch danebengeht, man ist hinterher immer schlauer – wenn man so clever ist, daraus zu lernen – und kann es beim nächsten Mal besser machen.

Was muss anders / besser laufen?

Wenn Sie wissen, was beim letzten Mal schieflief und warum, dann können Sie es beim nächsten Mal besser machen. Korrigieren Sie, was immer an Ihrem Feedback, Ihrer Typansprache, Ihrem Selbstwertgefühl oder allen anderen Faktoren noch nicht optimal war. Wenn Sie nicht wissen, warum Ihr letzter Versuch danebenging, können Sie es beim nächsten Mal zumindest anders machen. Man irrt sich so voran. Manchmal ist ein Irrtum die einzige Möglichkeit weiterzukommen. Trial and error – Versuch und Irrtum – ist ein ganz wissenschaftliches Erkenntnisverfahren.

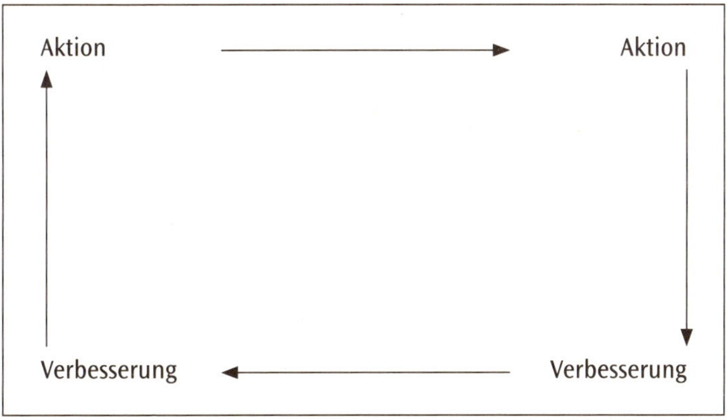

Der Kreislauf ist immer derselbe (s. Schaubild). Wir tun etwas, beobachten die Reaktion des Chefs, analysieren die Reaktion in Relation zu unserer Aktion, verbessern unsere Technik und starten einen neuen, verbesserten Versuch. Wenn der Kreislauf so einfach ist, warum beschreiten wir ihn dann nicht alle? Warum haben so viele Menschen immer noch Chefprobleme? Weil es Kreislaufstörungen gibt: Hektik, Zweifel, Ängste, Rückschläge. Sie kennen sie bereits aus dem Kapitel »S – wie Smarte Ziele«, S. 66 ff. Wir geraten in Hektik und haben nicht den Nerv, uns besonnen auf der

Kreislaufbahn zu bewegen. Zweifel und Ängste hindern uns daran, überhaupt erst loszulaufen. Und Rückschläge werfen uns buchstäblich aus der Bahn. Wir haben zwar einen Erziehungsversuch gestartet, die Chefreaktion darauf beobachtet und analysiert, aber danach verfallen wir in Depression und unterlassen einen erneuten, verbesserten Versuch. Doch Rückschläge sind kein Schicksal. Schlagen Sie nochmals im Kapitel »S – wie Smarte Ziele«, S. 66 ff., nach, wie Sie Ihre »Kreislaufstörungen« erfolgreich beheben können.

»Der Mensch hat hundertmal mehr in sich, als er verwirklicht im Leben.«

PAULO EVARISTO ARNS

»Wer keinen Mut zum Träumen hat, hat keine Kraft zum Kämpfen.«

HEINRICH BÖSING

Ein Wort zum Schluss

Am Ende einer langen Reise

Eine lange Reise haben wir hinter uns. Während Sie Seite um Seite weiterblätterten, ging in der wirklichen Welt Ihr Leben weiter; vielleicht hat es sich sogar geändert? Besser noch: Sie haben es geändert. Natürlich wird sich Ihr Chef nicht beim ersten Erziehungsversuch rückwärts überschlagen und um 180 Grad geändert haben – obwohl das häufiger passiert, als man gemeinhin annimmt. Denn oft sind die Chefs so überrascht, wenn jemand, der bisher nur stumm schmollte oder destruktiv moserte, plötzlich den Mund aufmacht und konstruktives Feedback gibt. Das kleinste Wort hat oft die größte Auswirkung auf eine Beziehung – das wissen wir von der Paartherapie. Doch selbst wenn sich der Chef bei der ersten

Intervention nicht völlig ändert, etwas anderes ändert sich häufig doch: das Chefproblem selbst.

Viele Menschen, die sich ernsthaft um die Erziehung ihres Chefs kümmern, kommen früher oder später zu der überraschenden Feststellung: »Mein Chef hat sich zwar auch geändert – aber ich habe mich total verändert.« Wo sie früher stumm gelitten haben, sind sie jetzt erhaben über die vielen kleinen Niedlichkeiten des Berufsalltags. Wo sie sich früher maßlos über ihren Chef aufregten, können sie jetzt sogar über die Sonderlichkeiten ihres Chefs lachen, ihn manchmal verstehen, ihn nehmen, wie er ist, und in seltenen Fällen sogar verdeckt coachen. Der Chef blieb (fast) derselbe, aber das Chefproblem ist verschwunden. Wieder ist es eine Chefsekretärin, die es auf den Punkt bringt: »Wenn der Chef mich heute antobt, tut er mir nur noch von Herzen leid. Ich denke immer: So möchte ich nicht enden.«

»Es gibt Menschen, die den ganzen Tag arbeiten. Andere, die den ganzen Tag träumen. Und schließlich diejenigen, die eine Stunde träumen und danach die Ärmel hochkrempeln, um sich ihre Träume zu erfüllen.«

Steve Ross

Und die Erfolgsaussichten?

Ich komme in meinen Seminaren jeden Monat mit Dutzenden von Menschen zusammen, die mir über ihre Chefs erzählen und über ihre Versuche, diese zu ändern. Normalerweise teilen sie sich in zwei Gruppen. Die Try-harder-Gruppe müht sich oft seit Jahren mit denselben Mitteln und erreicht wenig. Die Try-smarter-Gruppe kennt irgendwoher s.m.a.r.t.e Ziele, konstruktives Feedback oder andere Techniken, die wir kennengelernt haben, und erzielt damit erstaunliche Erfolge. Etwas überspitzt könnte man sagen: Wer nur

- ausdauernd genug, also eher über Monate als über Wochen,
- clever genug, also per trial and error und einer guten Technik,
- und mit stetig steigendem Selbstvertrauen

sein Chefproblem anpackt, der hat eine hundertprozentige Erfolgsaussicht. Selbst wenn sich Ihr Chef um keinen Deut ändert – was höchst selten vorkommt –, Ihr Chefproblem ändert sich radikal, weil Sie sich ändern. Diese Erkenntnis ist trivial, aber dramatisch.

Sie beweist wieder einmal, dass Menschen, die einen guten Chef nicht als selbstverständlich voraussetzen und tatenlos erwarten, dass er sich von selbst ändert, sondern die Ärmel hochkrempeln und eigenhändig dafür sorgen, dass er gut wird, alles erreichen können. Das spiegelt die alte Frage wider: Sind wir als Opfer oder als Gestalter unseres Lebens unterwegs? Den größten Einfluss auf unser Leben haben immer noch wir selbst; niemand sonst. Wir können die

Ereignisse, die uns treffen, manchmal nicht ändern. Aber wir können uns immer entscheiden, ob wir sie jammernd hinnehmen und uns zu Opfern machen lassen oder ob wir unser Leben selbst in die Hand nehmen. Den größten Einfluss auf unser Leben haben wir selbst – üben wir ihn aus. Ich wünsche Ihnen viel Erfolg und Spaß dabei, Ihr Chef- und jedes andere Problem zu lösen. Wenn ich Sie bei Ihrer Führung von unten unterstützen kann – jederzeit und gerne. Sie erreichen mich bei

Stöger & Partner
Denken und Handeln für Morgen
Poinger Straße 44
D-85570 Markt Schwaben
Tel.: 00 49 (0)81 21/4 14 20
E-Mail: buero@stoegerpartner.de
www.stoegerpartner.de

Register